我的第一套动植物趣味百科地图

SHENMI GUGUAI DE
MEIZHOU
DONGWU JIA ZHIWU

U0749712

神秘古怪的美洲动物+植物

张红乾 ◎编著   李电波 ◎绘

浙江工商大学出版社
ZHEJIANG GONGSHANG UNIVERSITY PRESS

金刚鹦鹉

仙人镜

透翅蝶

走鹃

蜂鸟

树懒

古柯树

大角羊

黑腹翎鹑

你们好，动物、植物！

早上，当你背起书包上学时，你是否注意到，有无数生机勃勃的动物和植物，在上学的路上等你？

高大的白杨树在晨风中伸着懒腰，树底下的小草正打着哈欠，小狗欢快地跑来跑去，辛勤的蜜蜂在花丛中忙忙碌碌地工作着，蚁群匆匆忙忙地觅食……

接下来，那就让我们怀着一颗探索求知的心，去领略世界各地动物和植物们的风采吧！

在我们熟悉的亚洲，有世界上体型最大的猫科动物东北虎，有珍贵而古老的大熊猫，有长着"五只手"的熊狸，有能流毒汁的箭毒木……

在古老的非洲，有雄霸非洲草原的非洲狮，有鸟中之王鸵鸟，有身高和体重不成比例的猴面包树，有人见人怕的非洲食人鱼，有花中之王帝王花……

在神秘的美洲，有"身高"十几米的巨柱仙人掌，有懒得出奇的树懒，有懂得"种植"的切叶蚁，有头顶"皇冠"的梅氏马鹿，有全身透明的玻璃蛙……

在风光旖旎的大洋洲，有澳大利亚的象征——袋鼠，有长相奇特的鸭嘴兽，有"爱"吃肉的植物——负子毛毡苔，有会"笑"的笑翠鸟……

在遥远的欧洲，有征服全人类肠胃的卷心菜，有人见人爱的法国贵宾犬，有天然就可以驱除蚊蝇的迷迭香，有被误解了千年的发怒蜘蛛……

在美丽的海洋，有"好爸爸"狮子鱼，有动物界的"明星"海豹，有传说中的美人鱼儒艮，有美丽却剧毒的箱水母，有善于制造"世界最美饰品"的珊瑚虫……

在寒冷的南极和北极，有极具"绅士风度"的企鹅，有憨态可掬的北极熊，有美丽而可爱的驯鹿，有"最职业的旅行家"北极燕鸥，有以几何级数繁殖的旅鼠……

想进一步了解它们吗？请翻开"我的第一套动植物趣味百科地图"丛书吧，一切尽在其中。

（特别感谢参与本书编写并付出艰辛劳动的各位学者胡庆芳、宋晓甫、郭凤英、张慧琴、李志明、尹红、赵智、杨丹枫、江民玉、汤来先、李志荣、杜海龙、石楠、武杰、刘志新、刘俊萍、江胜萍、孙镇镇、崔明磊、曹付雨、董欣、张洪乾、穆丽英等，在此一并致谢！）

目录

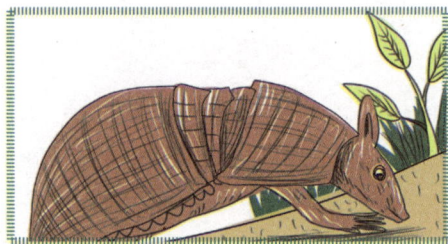

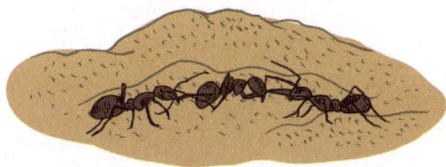

01 黑夜之子

在美洲大陆上，夜幕来临时，当忙碌一天的人们开始放松疲惫的身体，大雕鸮、巴西貘、臭鼬和浣熊这四个不安分的家伙却悄然出现在荒野里和密林中，它们伸伸懒腰，睁开眼睛机警地巡视着四周。对于这些夜行动物而言，美好的一天才刚刚开始。

北美洲

亚洲

◀ 巴西貘在行走时耷拉着突出的鼻子，左顶顶，右钻钻，寻找嫩叶和果子

▶ 一旦大雕鸮做出振翅俯冲的招牌动作，那就意味着某些鬼鬼祟祟的地面活动家要遭殃了

▼ 臭鼬喜欢在黄昏的时候出来觅食，高举着自己那鸡毛掸子似的尾巴……

非洲

南美洲

▲ 浣熊喜欢在晚上人们睡觉后，溜进院子里，搞点小偷小摸的勾当

黑夜统治者——大雕鸮（xiāo）

大雕鸮的名字很恐怖，实际上它们是一种大型猫头鹰，和我国的猫头鹰相比，它们的个头更大，攻击性也更强。一只成熟的大雕鸮身长一般在 0.5 米左右，张开翅膀后的翼展可达 1—1.5 米。

作为黑夜里兀立枝头的"招魂使者"，一旦大雕鸮做出振翅俯冲的招牌动作，那就意味着某些鬼鬼祟祟的地面活动家要遭殃了，例如豪猪、鼬鼠、犰狳等。

"作为黑夜里的活跃分子，没有一点能耐，怎么震慑那些躲在黑暗角落里的不法分子呢？"

的确，大雕鸮之所以能称雄密林，还是有几把刷子的。它们那黄色的眼睛能够在光线很差的情况下，迅速锁定刚刚探出脑袋的田鼠。它们的脑袋可以转动 270 度，这在一定程度上大大扩展了它们的视野。

大雕鸮的听觉也很灵敏。它们的耳朵并非长在脑袋两侧，而是在脑袋较高的位置，这样非常利于它们收集声波和辨别目标所处的方位。

总之，有了这些护身法宝，大雕鸮就可以不顾一切地振翅俯冲，一举拿下夜里出来活动的猎物了。

常在夜里行，却是胆小鬼——巴西貘（mò）

巴西貘是生活在南美洲热带雨林里一种珍稀的哺乳动物，也是现存最为古老的奇蹄目动物之一。它们曾经无比辉煌，足迹遍布世界各个角落，如今却已潦倒到濒临灭亡的境地了。

巴西貘虽然体型像一头猪，但是不像猪那样长着一身肥肉。它们最引人注目的是鼻吻部延长成为一条短象鼻，使它们整体看上去显得很笨重。巴西貘白天一般躲在密林里休息，晚上才出来，开始自己的觅食之旅。

巴西貘在行走时耷拉着突出的鼻子，左顶顶，右钻钻，寻找嫩叶和果子；从它们吃的东西就能看出巴西貘是温顺的动物，决非“好战派”。

“我们爱好和平，最见不得打打杀杀了！”

这种性格使巴西貘成为南美洲热带雨林里有名的胆小鬼，加上它们比较孤僻，喜欢单独行动，所以一遇到危险，巴西貘不是往水里跑就是埋头扎进茂密的雨林里，希望借此摆脱危险。尽管如此，有时它们仍然逃脱不了美洲虎的利爪，谁让弱肉强食是自然界的不二法则呢？

"不要过来，再过来我就臭你了"——臭鼬（yòu）

臭鼬的名声在北美洲动物界可谓"家"喻"户"晓。别看它们体型不如家猫，但是它们面对像美洲豹、美洲山猫这样的大型掠食者时，基本不会触霉头，原因很简单，它们会释放臭液，而且臭液还不是一般的臭，几乎让人和动物都难以忍受！

臭鼬本身也算是"温和派"，"人不犯我我不犯人"是它们的座右铭。臭鼬喜欢在黄昏的时候出来觅食，高举着自己那鸡毛掸子似的尾巴，寻找谷物、坚果，偶尔它们也会改善一下生活，偷点别人家的禽蛋什么的——看来晚上出来的家伙都会做些偷鸡摸狗的事。

臭鼬身上只有黑白两色，在旷野里很引人注目，不过一旦看到它们，你就要加倍小心了，千万不要靠近它们或者让它们觉得你的存在已经构成威胁，否则，它们就会竖起尾巴，撅起屁股，由尾巴旁的腺体向你喷射臭液。这种臭液往往会导致被击中者短暂失明，而臭味则会传遍方圆800米。

"求求你们了，作为臭鼬的邻居，我们真心希望你们别去招惹它们，我们的空气质量够差了。"这是美洲山猫在抱怨。

"夜晚我们也算是个高手吧，那些比我们身材魁梧的家伙，对我们也得毕恭毕敬。"这个臭家伙的自我感觉倒是很良好，不过，说实话，一般动物还真没有什么好办法来对付它们。

午夜小偷——浣熊

浣熊是个小可爱，很多人喜欢把它们当做宠物来养。不过，在它们的老家美洲大陆，原生态的浣熊喜欢晚上出来溜达。

这个时候人们早已入睡，小浣熊则蹑手蹑脚地溜进院子里，搞点小偷小摸的勾当，因此它们得了个"食物小偷"的称号。不过，人们对浣熊的这种行为实在恨不起来，只能睁一只眼闭一只眼，因为它们真的是太可爱了。

浣熊身材娇小，一般也就几千克重，眼睛周围都是黑色，眼神里总显出无辜和胆怯，就算做了坏事也让人不忍责罚。

浣熊的菜谱足可以编成一本很厚很厚的书，因为它们从不挑食。它们经常在水中捕食鱼虾、螃蟹，在岸上搜寻昆虫、青蛙、老鼠、蜗牛等个头比它们小的动物，有时也会吃素食，像坚果、谷物、浆果种子等。

浣熊之所以得名浣熊，是因为它们无论吃什么食物，首先都会把食物放在水里洗一洗。它们的这种癖好，在夜行动物里算是独一无二了。

"虽然我们喜欢偷食物，但我们会坚持讲卫生的原则，把食物洗过后再吃。"

02 林中倩影

如果在美洲热带雨林里举办一场选美比赛的话，我想有资格报名参赛者的队伍能排出去老远。雨林中各式各样的美、千姿百态的美丽倩影体现着造物主对大自然的热爱、对万物生灵的眷顾，这个世界因为美的存在而变得更加充满生机。

北美洲

亚洲

▲ 金刚鹦鹉从远处看显得身体尤其修长，犹如穿着一身华丽的长袍

▶ 漂亮的凤尾绿咬鹃像是从天上飞下来的

◀ 巨嘴鸟非常喜
爱喧闹，总是叫
个不停，尽管声
音不好听……

非洲

南美洲

▼ 蜂鸟常常时而徜徉于
花海，伸出细针般的喙吮
吸花蜜……

穿着锦衣华裳的金刚鹦鹉

金刚鹦鹉是美洲热带雨林里的一抹亮色，它们白天喜欢独立枝头，左顾右盼，不时发出两声悦耳的鸣叫，给静谧幽深的丛林增添几分活跃之感。和家里养的宠物鹦鹉不同的是，金刚鹦鹉可不会礼貌地向你问好。

金刚鹦鹉块头很大，比常见鹦鹉魁梧得多，"金刚"之名可谓名不虚传。它们一般都有很长的尾巴，站立在枝头时，长尾巴会自然而然地坠下来，这使金刚鹦鹉从远处看显得身体尤其修长，犹如穿着一袭华丽的长袍。

"我们是爱美的家族，大家穿着各色的锦衣华裳……"

金刚鹦鹉拥有十分艳丽的羽毛，五彩缤纷。由于不同种类的金刚鹦鹉有着不同的颜色，因此也就组成了用它们本身颜色做名称的鹦鹉家族，如绯红金刚鹦鹉、蓝翅金刚鹦鹉、五彩金刚鹦鹉、红绿金刚鹦鹉等等。

大家可能更感兴趣的是金刚鹦鹉在美洲热带雨林里待久了究竟会不会说话的问题。这一点无须担忧，它们可是学人说话的高手，因为"鹦鹉学舌"毕竟是它们与生俱来的本事。

"超级飞行员"——蜂鸟

蜂鸟大小和一只大个的黄蜂差不多，最大的只不过20厘米左右长，一般只有5—10厘米长。它们时而徜徉于花海，伸出细针般的喙吮吸花蜜；时而拍着轻盈透明的翅膀在空中飞翔。阳光照射下，它们身上的羽毛绚烂多彩，就像闪烁着绿宝石、红宝石、黄宝石，鲜艳亮丽。蜂鸟对它们这身华丽的衣裳也十分爱惜，从不让地上的尘土沾染上。

"我们天生丽质！"

蜂鸟的确有骄傲的资本，它们一高兴就会在空中展示它们独特而优美的舞姿：一会儿倒退飞行，一会儿垂直起落，一会儿又箭一般向前飞去。为了挑战各种高难度的飞行技巧，蜂鸟的翅膀能以每秒50次以上的频率快速振动，如果是俯冲的话，折合时速能够达到每小时50千米。研究发现：蜂鸟俯冲的最快速度要快过战斗机。

"人类因此给我们'神鸟'、'彗星'、'森林女神'和'花冠'等美称，我们感到很自豪！"

蜂鸟的大脑最多只有一粒米大小，但它们的记忆力却相当惊人。觅食时，它们不仅能轻松分辨出不同的花蜜，还能记住自己刚刚吃过什么东西，大约在什么地方什么时候。这不能不让人啧啧称奇，要知道只有人类才具有类似的能力。

别看蜂鸟这么小，它们的脾气还蛮大的！人们曾亲眼看见它们狂怒地追逐咬啄足足比自己大20倍的鸟，附着在被啄鸟的身上，让它们载着自己在空中翱翔，直到平息了愤怒才离开。

自由与美丽的化身——凤尾绿咬鹃

很多人觉得凤尾绿咬鹃是南美洲最漂亮的鸟，因为它们具有令其他鸟类羡慕的玲珑身材和华丽外表。确实，凤尾绿咬鹃美得惊人，它们"穿"一件青绿色的"外衣"，胸腹有一团艳丽华贵的深红，同时还"画"着一道迷人的半月状白环，犹如女王的项链，再加上那一缕飘逸而又与身体浑然一体的长尾，的确让人惊叹：这么漂亮的小鸟恐怕是从天上飞下来的吧！

凤尾绿咬鹃的食性和其他鸟儿差不多，基本上以昆虫、青蛙为食，偶尔也吃一些植物果实，这与其他大多数讲究荤素搭配、营养平衡的鸟类有很大不同。

凤尾绿咬鹃崇尚自由，它们不喜欢被人喂养，因此在被人们捉到后会很快死去。在中美洲古玛雅人的神话传说中凤尾绿咬鹃曾经有着崇高的地位，它们被认为是羽蛇神的化身，象征着天国和灵魂，不容丝毫伤害和亵渎；在他们眼里，凤尾绿咬鹃亮绿色的尾巴比黄金还要珍贵。如今，凤尾绿咬鹃这种富有传奇色彩的鸟儿已是危地马拉的国鸟，但是，这却无法改变它们濒临灭亡的处境。

世界上嘴巴最大的鸟——巨嘴鸟

"你们有我们这么大的嘴巴吗？哼！"

巨嘴鸟经常向邻里炫耀它们的巨嘴，也恰恰具有这种其他动物和植物无可比拟的优势，使得巨嘴鸟牢牢占据着亚马孙代言人的地位。如今大家只要提到亚马孙，就会想到它的象征——巨嘴鸟。

巨嘴鸟是那种看来就很有喜剧感的鸟类，这也难怪动画片里经常会使用它们的形象。在南美洲热带雨林里，巨嘴鸟毫不客气地做起了名副其实的"大嘴巴"——它们非常爱喧闹，总是叫个不停，尽管声音不好听，但它们却乐此不疲，真把自己当做了主人。

巨嘴鸟的喙实际上并没有看上去那么重，它们的巨嘴是中空的，表面只是角质的壳，并且很容易被击碎。但即便这样，它们也能够用超大号的嘴来啄开一些障碍物，从而获得食物。

在日常生活中，巨嘴鸟常显得很霸道，有时喜欢用巨喙吓唬其他鸟类以抢夺食物，有时干脆直接来个"鹊巢鸠占"，侵占其他鸟的巢穴作为自己的家，俨然是林中一霸。

巨嘴鸟那个大嘴巴并没有影响它们的比例美感，相反那份夸张倒增加了很多滑稽感和动态美。巨嘴鸟的羽毛颜色亮丽突出，常常是黑色辅以黄色、绿色或者红色，它们的大嘴巴也是各种颜色有机结合的典范，例如有一种厚嘴巨嘴鸟的巨喙就融合了六种颜色，可谓美得一塌糊涂。

03 有毒一族

在美洲大陆，生活着一群喜欢用毒的生灵，它们用毒威慑外敌，用毒获取食物……

北美洲

亚洲

▼ 说到毒，美洲巨蟾蜍的确了不得，它们头上的 3 个毒囊存有很多毒液

▶ 凭借一身五彩斑斓的"着装"，箭毒蛙绝对称得上是蛙界的"选美冠军"

◀ 吉拉毒蜥最喜欢
做的事是关起门来
在家里做"宅男"

非洲

▼ 巴西游走蛛："黑寡
妇？哼，我们才是蜘蛛
界的毒王！"

南美洲

▲ 子弹蚁蜇人所产
生的疼痛感通常会
持续 24 小时

▲ 狼蛛："只要有
剧毒在，我们谁都
不怕……"

身怀巨毒的箭毒蛙

　　论个头，箭毒蛙算是世界上比较小的两栖动物了，它们最小的身长仅为 1.5 厘米，最大的也不过 6 厘米。论样貌，凭借它们那身五彩斑斓的"着装"，箭毒蛙绝对称得上是蛙界的"选美冠军"。不过，在南美洲热带雨林里，它们其实是以这样的着装时刻向其他动物发出警告："不要接近我们，我们有剧毒！"

　　在自然界，往往颜色越鲜艳的动物或植物越不安全，例如毒蘑菇在它们美丽外表的遮掩下却暗带剧毒，箭毒蛙也是如此。一些箭毒蛙浑身都有能分泌毒液的毒腺，毒腺分泌的毒液毒性超强，一丁点儿的毒液足以使任何动物毙命。因此当地土著人常在标枪枪头或箭头上涂上箭毒蛙的毒液，来射杀猎物。

　　"我们绝不是好惹的！"

　　在南美洲热带雨林中，迫于箭毒蛙的毒威，几乎没有动物敢欺负它们。某些毒性较大的箭毒蛙一只的毒液就可以毒死两万只老鼠。它们的毒液一旦渗入人类的血液里，会马上将人的神经系统摧毁，严重时会导致中毒者死亡。所以，在南美洲的热带雨林里，如果见到体色鲜艳的箭毒蛙，我们最好躲开为妙！

"冷面杀手"——狼蛛

全身长满针状的绒毛，狼蛛是美洲大陆上最令人恐怖的大型蜘蛛之一。它们行动迅猛，非常善于像狼一样从猎物身后发动进攻。

想象这样一种情境：一只黑色的长着8只长腿和8只眼睛的怪物，拖着硕大的椭圆腹部，贴着地面疾速地追赶前方的猎物，并在顷刻间将猎物拿下。这场面会有何等恐怖！

"我们从不靠结网捕食。"

与普通蜘蛛靠结网捕食不同，狼蛛喜欢到处游荡着寻找猎物。它们这种游荡式的捕食方式，决定了它们的食物不单单是一些弱小的昆虫，比它们个体大很多的老鼠、青蛙、小型鸟类等，都有可能成为它们的美食。

狼蛛也有资本享受这样的美食。因为狼蛛向猎物发动攻击时只需用自己锋利的牙齿将猎物死死咬住，毒液就会顺着牙齿注入到猎物体内，将猎物毒死。

"只要有剧毒在，我们谁都不怕……"

狼蛛嗜杀成性，饥饿时连同类都不放过。到了交配时节，雄狼蛛会主动靠近雌狼蛛。这期间，最让人难以置信的是，交配完成后，雌狼蛛经常会凶残地吃掉雄狼蛛。

不过狼蛛也有温存的一面，这体现在它们对待自己的孩子方面，即使自己忍饥挨饿也不会让孩子饿着，时刻都会悉心地把孩子照料好。

世界上最毒的蜘蛛——巴西游走蛛

谈起世界上最毒的蜘蛛，很多人认为是闻名遐迩的黑寡妇蜘蛛。然而科学家研究发现，相比黑寡妇，生活在南美洲和中美洲的巴西游走蛛还要毒。

"黑寡妇？哼，我们才是蜘蛛界的毒王！"

巴西游走蛛是一种大型纺锤形蜘蛛，腿间的跨度可达到15厘米。它们的腿非常粗壮，上面布满尖刺，走起路来迅疾如风。

巴西游走蛛同样是四处游荡着觅食，它们这种游荡性觅食方式让生活在当地的人们处于极其危险的境地；因为它们部分成员喜欢到人口密集的地方"逛街"，例如躲在汽车或房子里的阴影处躲避阳光照射，如果人们稍不注意，就会被它们袭击。巴西每年都会有人被游走蛛叮咬，其中一些严重的被咬者还不幸为此丢掉了性命。

巴西游走蛛还有个特点，就是发起怒来，会举起它们那与众不同的红色螯肢，以后四条腿作为支撑，挥舞前四条腿，做水平方向移动，借此来警告对方它们发怒了。这时如若对方不听，它们立即就会通过非和平手段解决。

"唉，我们何止光会用毒，还善于用震慑力吓唬敌人呢！"

毒蜥蜴的代表——吉拉毒蜥

很多人因为蜥蜴长得难看，和蛇比较相像，就想当然地认为它们都是有毒的。实际世界上仅有两种有毒蜥蜴，接下来要讲的吉拉毒蜥就是其中之一。

吉拉毒蜥身长 0.5 米左右，长得胖乎乎的，拖着一条用来储存脂肪的短尾巴，行动极其缓慢。吉拉毒蜥常常出没在荒漠里和矮小的灌木丛中，全身有着黄色、黑色、粉红色或浅色的斑纹。

吉拉毒蜥常以自己的毒牙为武器捕食一些小型鸟兽，有时还会偷食幼鸟和蛋类作为"点心"。除了觅食，吉拉毒蜥最喜欢做的事是关起门来在家里做"宅男"。

吉拉毒蜥的毒性属于神经毒，一旦被它们咬中，被咬中者容易出现呕吐、四肢麻痹、出汗、昏睡、休克等症状。但是它们的毒性并不大，很少有人因中它们的毒而死亡。被咬中者之所以感觉痛苦，大多数是因为吉拉毒蜥獠牙的缘故，这是因为吉拉毒蜥一旦咬住人，它们是打死也不会松口的，这份罪哪是一般人能承受得了的。

能毒死鳄鱼的美洲巨蟾蜍

一段时间里，澳大利亚居民发现当地一些一向威猛的淡水鳄在水中翻起了肚皮，不像往日那样耀武扬威了。

原来澳洲政府为了对付那些吃甘蔗的昆虫，从中南美洲引进了号称"甘蔗蟾蜍"的美洲巨蟾蜍。不过，这些毒性极强的家伙，被鳄鱼当做"甜点"给吃掉了，随后鳄鱼开始大批地死掉。

"吃了我们就要付出沉重代价，因为我们的毒可是很厉害的哦！"

说到毒，美洲巨蟾蜍的确了不得，它们头上的 3 个毒囊存有很多毒液。遇到危险时，毒液会迅速从毒囊中流出来；如果它们被激怒，毒液还会以喷射的方式喷向天敌的眼睛、嘴或鼻子，最后进入天敌的体内，轻则使天敌万分痛苦，重则导致天敌死亡。

让疼痛飞会儿——子弹蚁

　　子弹蚁的毒性不致命，不过，被它们叮一下会给人带来撕心裂肺的疼痛感，这种疼痛感通常会持续 24 小时。曾经有被子弹蚁咬过的人形容这种疼痛，甚至超过被子弹击中所引起的疼痛，子弹蚁的名字由此而来。

　　"被我们叮了，你就乖乖享受让疼痛飞会儿的曼妙滋味吧！"

　　子弹蚁把它们的毒刺藏在腹部下方，攻击时就用腹部的毒刺蜇对方，顺便射出毒素。有这么厉害的武器，虽然子弹蚁只有 3 厘米长，却敢以蛙类为食物，行动时还往往是单打独斗，实在是够"艺高人胆大"。

　　在亚马孙土著人的文化里，土著人常把子弹蚁放进将要举行成年礼仪式的男孩们的衣服里，然后让他们穿上。在亚马孙土著人看来，只有能忍受子弹蚁所蜇产生的 24 小时剧痛，男孩子这才算真正地长大了，因为他们已经能像一个男人一样承受一切。一些科学家为了体验这种痛苦，主动进行了尝试，最后得出结论为：被子弹蚁所咬是不掺杂任何成分的剧烈疼痛，就像赤脚走在火红的木炭上，而且还和 7.5 厘米长且生锈的钉子扎入脚后跟里的感觉一样。

04 那些奇异的植物

在美洲这片神秘的土地上，有神奇的动物，也有神奇的植物，如日轮花、热唇草、含羞草和纺锤树等等。

北美洲

亚洲

◀ 一般一棵纺锤树可以存储 2 吨水

▶ 虽然日轮花不主动吃人，但称它们为吃人魔王却也并不冤枉

◀ 只要稍稍被碰一下，含羞草的叶子就会迅速闭合下垂，显得十分害羞

非洲

南美洲

▲ 捕蝇草和眼镜蛇草都喜欢捕食一些昆虫吃

◀ 热唇草因为有着像性感少女一样热烈的"双唇"而闻名于世

吃人魔王——日轮花

日轮花的花长得十分娇艳，整体形状酷似一轮圆日，盛开之时，还常发出兰花般的幽香，引诱得人们禁不住想去采摘一朵。但有经验的美洲人是绝对不会轻易靠近它们的，因为它们从没安过什么"好心"！

日轮花美丽的花朵下面是些细长的叶子，不要小看这些叶子，当你去采摘或是触碰日轮花时，它们会立刻活跃起来，像灵活的鸟爪子一样伸展出来将你的手紧紧抓住，接着将你拖倒在地上。这时躲在花后面的"阴谋家"——黑寡妇蜘蛛就会蜂拥而上去咬你。一旦被黑寡妇蜘蛛咬到，被咬者轻则昏迷，重则当场死亡。接下来，你有可能立即成为黑寡妇蜘蛛可口的大餐。日轮花作为此次"恐怖活动"的先锋队，自然也会分得一杯羹，那就是获得毒蜘蛛"酒足饭饱"后产生的粪便作为自己成长的肥料。

"看到我们的厉害了吧，千万别碰我们！"

在美洲热带雨林里，凡有日轮花的地方就有黑寡妇蜘蛛，两者"狼狈为奸"，经常伤人，实在是可恶。

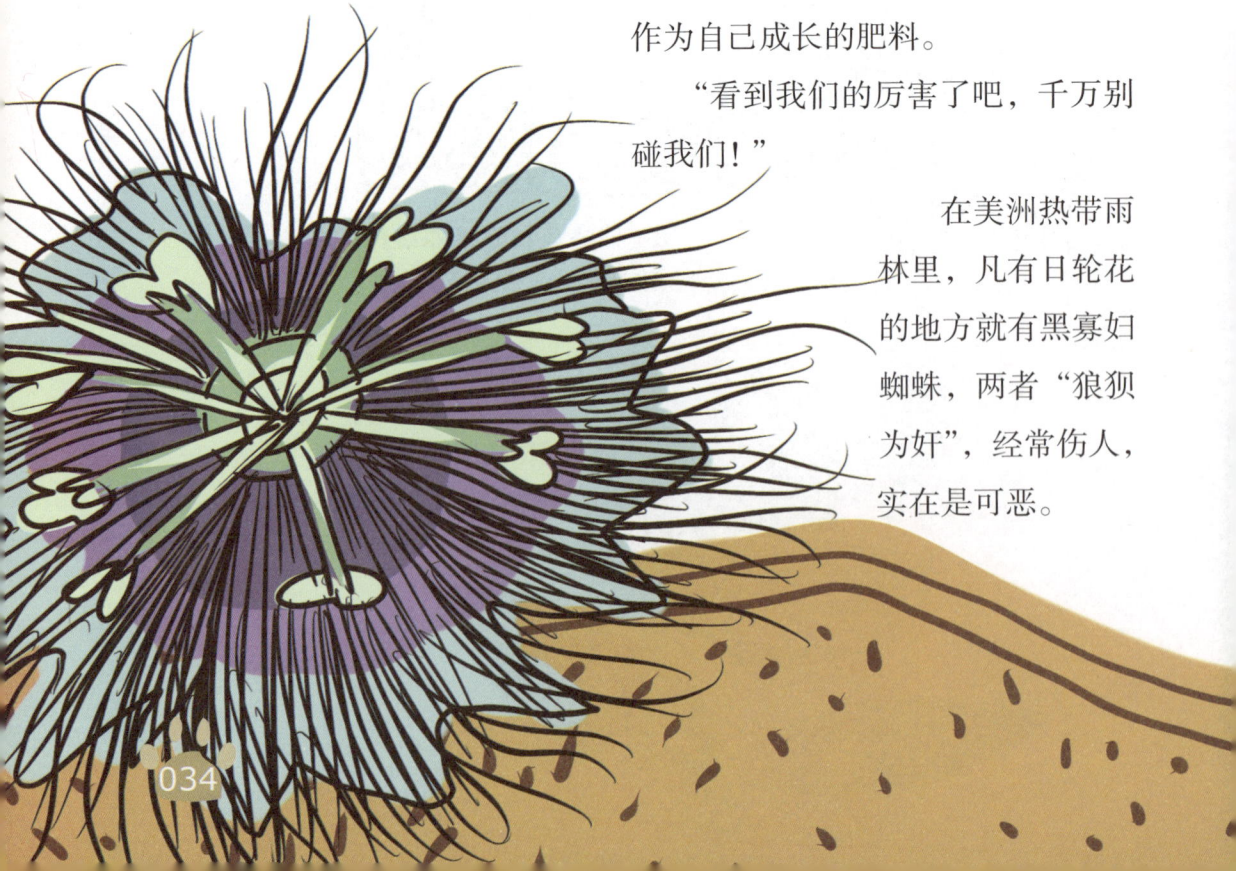

一半热情，一半羞涩——热唇草和含羞草

热唇草和含羞草算是美洲植物界性格最外向的"两姐妹"了，它们俩总能很形象地告诉外界它们的"内心状况"。

热唇草是中美洲热带雨林中很常见的被子植物，它们因为有着像性感少女一样热烈的"双唇"（实际是热唇草的苞叶）而闻名于世。每次急雨过后，热唇草这两瓣嘴唇般的苞叶就显得愈发娇艳，惹人爱怜，而"双唇"间夹着的一朵小花，则在红艳的"双唇"映衬下显得更加妖娆热情。

"没办法，热情是我们的天性！"

如果说热唇草向人传达的是奔放与热烈的情感，那么含羞草刚好与之相反，虽然今天含羞草已从美洲走向全世界，但拥有"国际范儿"的它们依然见人就"脸红"。

含羞草，草如其名，脸皮特薄。它们嫩绿的小叶片对外界的刺激极其敏感，只要稍稍被碰一下，它们的叶子就会闭合下垂，显得十分害羞。含羞草有如此敏感的特性让它们成为了预报天气的高手：如果用手触摸它们一下，它们的叶子很快闭合起来后张开很缓慢，这说明天气会转晴；如果触摸它们时，它们的叶子收缩得慢，或稍一闭合又重新张开，这说明天气将由晴转阴或者快要下雨了。

储水专家——纺锤树

纺锤树因为长得像个插在地里的大纺锤而得名。作为一种30米左右高的巨型乔木，它们祖祖辈辈生长在巴西高原上。巴西高原的气候不像美洲热带雨林那样常年多雨，旱季时间比较长，所以纺锤树长有一个粗壮的树干，用来在雨季储水以便在旱季到来时使用。纺锤树树干最粗的地方可达5米，需要两三个人才能环抱住。

纺锤树由于下粗上细，远远望去像个大水瓶，因此它们还有一个外号叫"瓶子树"。的确，纺锤树没有辜负这个名字，每到雨季来临，它们就会用自己发达的根系大量地吸收水分到自己的肚里。一般一棵纺锤树可以存储2吨水，可谓是名副其实的超级大水瓶。

"都说墨西哥的巨柱仙人掌存水多，和我们相比它们真是小巫见大巫了。"

同非洲的旅人蕉一样，纺锤树也是旅途行人的好朋友。口渴时，旅行者只要在纺锤树上挖个小孔，纺锤树里的水就会自动流出。

捕食昆虫的食肉植物——捕蝇草和眼镜蛇草

自然界中有一些植物喜欢吃荤的，不过，不用担心，它们并不恐怖，只是喜欢捕捉一些昆虫而已。

原产自美国的捕蝇草就是这些植物中的一种。

捕蝇草的叶片顶端有一个贝壳似的捕虫夹，一旦有小虫闯入，捕虫夹就会迅速闭合夹住小虫。捕虫夹上分布着许多能分泌消化液的无柄腺，同时捕蝇草叶片的叶绿部分上面对称地排列着许多刺毛，刺毛基部是能分泌黏液的分泌腺。当有苍蝇旅途劳累，刚一落在捕蝇草的捕虫夹上休息时，捕虫夹立即闭合，将苍蝇夹住，大约半小时左右，苍蝇就会被捕蝇草的黏液黏住无法挣扎，过两周，苍蝇就会被捕蝇草给消化掉了。

与捕蝇草相比，眼镜蛇草更像一个"阴谋家"，它们在捕食小虫时可谓另辟蹊径，天生"聪明"的它们似乎为小虫们设计了无数极富诱惑性的陷阱。

眼镜蛇草顾名思义长得像眼镜蛇。在植物界，它们算是大名鼎鼎的"职业杀手"。眼镜蛇草有两片像眼镜蛇"信子"的叶片，叶片上有很多蜜腺，能分泌蜜汁，很多小虫受此诱惑，常会爬到眼镜蛇草的叶片上寻找"美味"。可当它们走到叶片尽头，一不小心就会掉进一个布满毛刺的小圆筒里。这个小圆筒算是眼镜蛇草的"胃"，小虫一旦掉进去，很快就被小圆筒里的细菌"消化"成肉汤。

会假装生病的植物

叶子

科学家们最近在厄瓜多尔发现了一种会假装生病的植物，这种植物常用这种方法来逃避一种名为矿蛾的虫害，因为矿蛾只吃健康的树叶。这是人类首次发现能够模仿生病的植物，同时也解释了为什么植物叶上会出现色斑的现象。

进化生态学杂志上说：色斑是园艺工人经常面对的问题，曾出现在许多种植物身上。杂斑植物的叶子表面会出现不同颜色的斑块，形成原因各不相同。其中最为常见的一大原因是由于叶细胞中缺乏叶绿素，同时可能丧失了光合作用的能力，这样叶子就变成了白色。

从理论上讲，植物叶子一旦生有斑块就是要死亡的前兆，因为这说明其光合作用能力削弱了。然而，一些植物学家却在偶然中发现事实并不是这样，一些长有色斑块的植物是在假装生病以避免被虫子吃掉。

德国拜罗伊特大学的一些科学家在对厄瓜多尔南部丛林中的林下叶层植物进行研究时发现，一种名为贝母的植物身上，绿叶要比斑叶遭受虫子啃咬的多得多，矿蛾会将卵直接产在树叶上，

开花的植物

新出生的毛虫会大肆吞噬树叶，并在身后留下一条长长的破坏过的白色痕迹。

对此，科学家不禁开始怀疑它们是借此阻止矿蛾在其叶子上产卵。为了证实上述说法，科研人员在数百片健康树叶上用白色修改液模仿斑叶的形状。3个月后，他们再次评估被矿蛾毛虫咬噬的绿叶情况，结果发现，涂了白色修改液的树叶和斑叶一样，遭受矿蛾侵害的程度和频率都要轻得多。

遭矿蛾破坏的树叶

科学家们对这一结果表示相当惊讶，他们认为植物出于假装生病的目的，所以才故意长出斑叶以模仿那些被矿蛾毛虫咬过的叶子。这一招可以有效地阻止矿蛾在叶子上产卵或继续产卵，因为害虫会认为之前的幼虫早已吞掉了这些叶子的大部分营养。在植物株上绿叶与斑叶共存的事实说明，两者在植物长期进化过程中都发挥了重要作用。

05 以沙漠之名

也许亚马孙的"光芒"太过强烈，以致让人们觉得美洲到处都是茂密丛林，因而北美洲西南部碎石斑驳的荒漠，似乎已渐渐被人们忘记。今天，让我们逛一逛这片被遗忘的土地吧！

▼沙漠长耳鹿有着超强的环境适应能力

北美洲

亚洲

▲沙漠地鼠龟常常会打上好几个不同深度的洞穴……

▶沙漠棉尾兔很少到河边饮水

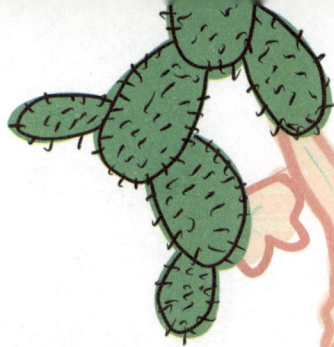

◀ 沙漠毒菊是
索诺拉沙漠里的
"王后"

非洲

南美洲

有点强悍，有点泛滥——沙漠长耳鹿

沙漠长耳鹿因耳朵尖长而得名，因其耳朵样子很像骡子耳朵，故此又被称为骡鹿。沙漠长耳鹿在美洲西部非常常见，从美国阿拉斯加到墨西哥西部，都是它们活跃的地带；特别在北美洲西南部的索诺拉沙漠里，更是到处闪现着它们的身影。

说长耳鹿强悍，不是指它们攻击力如何如何强大，而是说它们有超强的环境适应能力；毕竟美洲西部走廊涵盖了多个热量带，不是每一种动物都可以像它们一样自如地来往生息。

"我们可以在寒带、温带草原生活，可以进入森林、丘陵，可以穿梭往来于荒漠，你们可以吗？"

的确，没有多少种动物在这方面能够与长耳鹿相比，因为一路上它们要面对极度的干旱或刺骨的寒冷，随时还要面临食物短缺的威胁，但沙漠长耳鹿却能顽强地存活着。

或许沙漠长耳鹿有如此强的适应能力与它们的生活习性有关。因为只要有草吃，沙漠长耳鹿就可以生存。沙漠长耳鹿也从不挑食，树枝、树芽、叶子、坚果甚至菌类、树皮、地衣等，几乎长在地上的绿色东西都可以是它们的食物。

当然，在自然界，纵然你有盖世之能，也会有相克的对手。沙漠长耳鹿因身体含有厚厚的脂肪，因而成了美洲狮、棕熊、郊狼等的重点"狩猎"目标。不过，沙漠长耳鹿面对它们，近距离虽然没有招架之力，但它们有45—58千米的奔跑时速，可以轻易越过7米宽的沟渠，跨过2米高的陡坡，凭借这些，沙漠长耳鹿一般情况下还是能逃脱以上天敌的追捕的。

沙漠里的草食主义者——沙漠棉尾兔

兔子的踪迹遍布全世界，它们总是可以根据当地的生活环境对自己的某些习性做出调整，美洲沙漠里的沙漠棉尾兔也是如此。

沙漠棉尾兔是典型的素食主义者，以草、灌木叶和仙人掌等为主要食物。沙漠棉尾兔白天往往藏在自己的洞穴里躲避高温，喜欢黄昏或者清晨出去，寻找食物，补充能量，这点很像老鼠的作息习惯。

"素食主义者又怎样，肉食主义者也不见得好！"

和所有兔子一样，沙漠棉尾兔很少到河边饮水。也许原因有二：一是沙漠棉尾兔觉得去河边饮水不安全；二是它们本身没有汗腺，不会流汗，排尿机制又是浓缩性的，相比其他动物对水分的需求少，平时吃的食物完全可以补充身体所需水分，没必要去河边喝水，况且，喝水过量它们还会常常感到肚子不适呢。

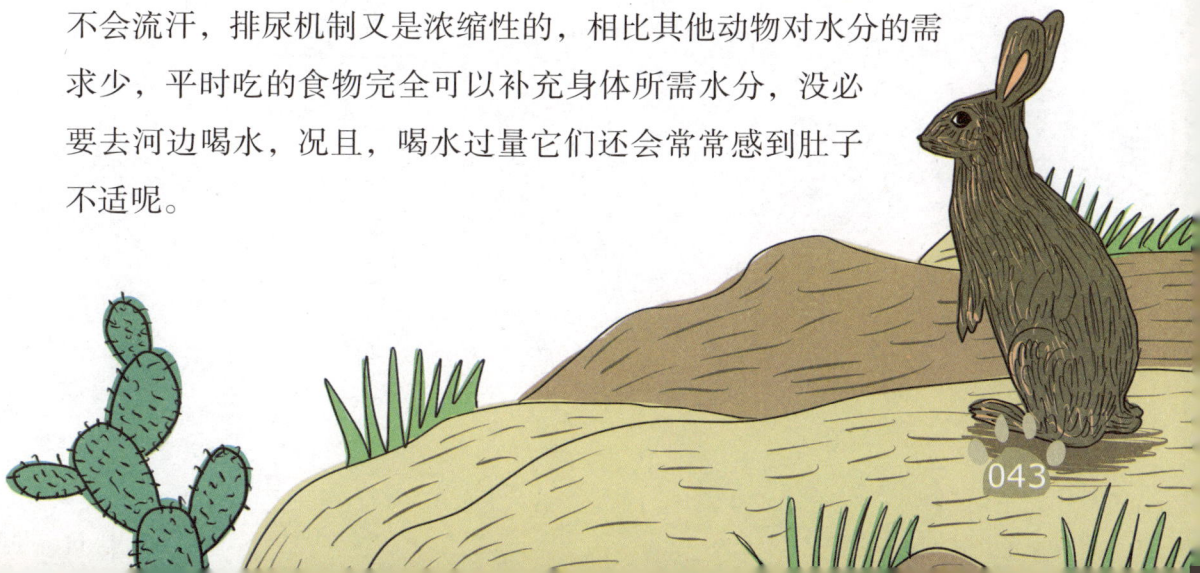

天生爱打洞——沙漠地鼠龟

沙漠地鼠龟背着圆而隆起的龟甲，拖着短小的四肢，在沙漠里摸爬滚打，样子略显老迈。但是除了居心叵测的敌人，沙漠里的其他小动物都非常感谢它们，如老鼠、兔子、獾等。这是因为沙漠地鼠龟是个热心肠，它们常常会打上好几个不同深度的洞穴，以供不同季节使用，这就为老鼠、兔子、獾等小动物躲避炎热或天敌提供了方便。

沙漠地鼠龟靠着洞穴结交了很多朋友，但它们最信赖和依靠的却是仙人掌，因为这是它们主要的食物来源。对于沙漠地鼠龟而言，鲜嫩多汁的仙人掌绝对是美味佳肴，既可用来补充体内水分，又填饱了肚子，同时还可以借仙人掌掩盖它们的身影，防止美洲狮、土狼等天敌的袭击。

荒沙奇景——沙漠毒菊

有个说法：越是艰苦的环境，越有强硬的生命出现。春天北美洲西南部的索诺拉沙漠到处是艳丽的黄花，开这种黄花的植物名叫沙漠毒菊，它们就是艰苦环境中出现的强硬生命。

沙漠毒菊也叫沙漠金菊，生命力超乎寻常地顽强。仅靠一丁点儿的水分，沙漠毒菊就能像仙人掌一样成为索诺拉沙漠上的象征。

黄沙漫漫，沙漠毒菊的明黄为单调的索诺拉沙漠增添了美艳，也增加了希望。毫无疑问，沙漠毒菊是索诺拉沙漠里的"王后"。因为唯有它们拥有黄色的花冠。

"我们是凭借坚定的意志才征服这一片天地的！"

沙漠中的米老鼠——长耳跳鼠

有两只大耳朵、一双又大又黑的眼睛和袋鼠一样修长的双腿，一切显得那么不成比例，所以喜欢在夜间活动的长耳跳鼠被称为"沙漠中的米老鼠"一点也不奇怪。但是，这种以昆虫为食的老鼠如今却有濒临灭绝的危险。

为了展示跳鼠面临的这一危险境地，伦敦动物学会第一次放映了这种主要生活在我国内蒙古、甘肃和青海等地喜欢夜间活动的长耳跳鼠的纪录片。伦敦动物学会的原野保护负责人，即发现这种动物的蒙古探险队队长乔纳森·巴里列，他既高兴又有些悲伤地说："这次探险中拍下的镜头和图像非常特别，也格外迷人。它们只是众多

长耳跳鼠（一）

神奇罕见又濒临灭绝的动物之一，但是，这些几乎都没有能够引起人们对它们的关注和保护。"

巴里列称，长耳跳鼠很容易被识别，因为它们的耳朵几乎是头的 3 倍大。它们的主要天敌之一是猫，巴里列说："天敌对一种动物的影响力之大令人惊讶，一只饥饿的猫一个晚上能捕捉到 20 只跳鼠。猫是由人类引入该区域的……在夜间，如果它们（猫）感到饥饿难耐时，就会窜入沙漠，猎捕长耳跳鼠。"

长耳跳鼠（二）

长耳跳鼠如今已被列为世界保护联盟"红色名单"中的濒危动物，据估计，过去 10 年地球上失去了约 80% 的长耳跳鼠。

长耳跳鼠（三）

06 "植物也疯狂"

美国西部沙漠虽然气候酷热难耐，但相比其他沙漠，自然环境还是要优越许多，因为在这儿好歹还有降雨。所以，这儿的色彩并不单调，很多不知名的小草小花点缀其间，当然，也有很多"名人"倾力加盟，它们共同演绎了沙漠版的"植物也疯狂"。

北美洲

亚洲

▶ 仙人镜浑身长满粗大的黑刺显得很是粗鲁和张扬

▶ 石炭酸灌木能杀死周围生长的一切植物

▲ 泰迪熊仙人掌总
会成群扎堆地生长
在一起

非洲

南美洲

疯狂占地的泰迪熊仙人掌

泰迪熊仙人掌拥有一个很时尚的名字，听起来让人倍感亲切。实际上，它们长得的确很时尚，毛茸茸的像一个个肉球，给人憨憨的感觉。

一般情况下，泰迪熊仙人掌总会成群扎堆地生长在一起，它们没有巨柱仙人掌的气势，所以只好以多取胜。从远处望去，泰迪熊仙人掌像海底的珊瑚堆一样，看上去非常美丽。

在美国的加利福尼亚和亚利桑那州以及墨西哥西北部，泰迪熊仙人掌广泛分布，它们不害怕干旱和暴晒，照样充满生机。或许泰迪熊仙人掌认为既然巨柱仙人掌占据了领空，它们就应该尽可能控制陆地。事实上，它们也真是这么做的。

每年5月和6月份，泰迪熊仙人掌开始开花，黄绿色的小花在银

装素裹的庞大枝干映衬下显得并不起眼，但这无碍它们完成果实的孕育。

　　虽然泰迪熊仙人掌果实很小，然而这却是它们构造自己帝国的第一步。它们带有刺棘的果实会很轻松地依附在动物们的毛发上，进行免费旅行，随着动物们到很远的地方安家落户，进而克隆出一片又一片的泰迪熊仙人掌。这一点和随风飘荡、随遇而安的蒲公英倒是有得一比。

一身黑刺的仙人镜

　　仙人镜并不像它们的名字那样美貌和精致，相反，浑身长满粗大的黑刺，显得很是粗鲁和张扬，让人看了就不舒服。

　　"胆敢靠近我们，休怪我们无情了。"

　　仙人镜和泰迪熊仙人掌一样喜欢群体生活，不像仙人柱般挺拔傲立，注重横向发展。它们广泛分布在美国西南部和墨西哥北部。

　　仙人镜在每年的4—6月份开花结果。它们先是开出明黄色的小花，随后会结出类似橘子的小果实，果实呈粉红色，挤挤挨挨地矗立在仙人镜的最顶端，色泽诱人。

　　仙人镜的果实用途广泛：可以食用，可以用来制作糖果和果冻，还可以用来治疗蚊虫叮咬。

孤僻而没有"朋友"的石炭酸灌木

石炭酸灌木是美洲沙漠里霸道一派的代表,它们孤独,没有"朋友"。因为它们经常杀死生长在它们周围的植物,以独享领地。

石炭酸灌木是一种美洲沙漠里的常青灌木,它们的一身绿装使得它们成为了美洲沙漠的宠儿。不过,它们可不是什么好东西,因为石炭酸灌木会分泌出一种有毒的油,即石炭酸。这种石炭酸能杀死周围生长的一切植物,所谓"有我没他"的理论,石炭酸灌木算是实践到极致了。

"也太小气了吧,凭什么不让其他植物生存呢。"

石炭酸灌木面对别人的指责从不退缩,它们常常扬起自己的黄花,骄傲地俯视着漫漫黄沙。

"我们增加绿色,改善空气质量,这是我们应得的特权。"

表面看来,石炭酸灌木确实过分了点,不过,对于人类而言,它们可真是个大宝贝。研究发现,石炭酸灌木含有一种可以抑制炎症的酶,将石炭酸灌木的叶子和嫩枝做成药膏,直接敷于人发炎的关节部位,关节部位的炎症就会很快消失。因此,美国人常用石炭酸灌木治疗癌症、伤风、支气管炎和癣症等病症。

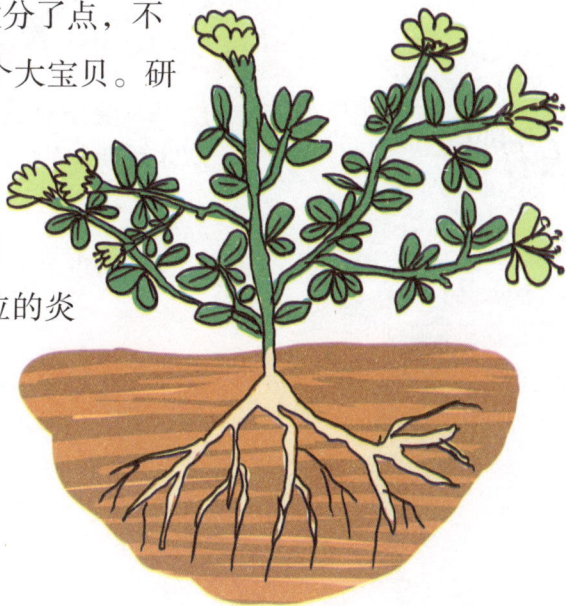

07 到处可见

美洲是地球上珍稀奇异动物和植物的圣地，不过，这片土地上也生活着比较常见的家伙，比如总喜欢嘎嘎叫的绿头鸭、雪雁和扁嘴天鹅等。

北美洲

亚洲

▲ 每年雪雁都会进行两次大迁徙

▶ 倘若叫鸭会说话，"我不是一只鸡"应该是叫鸭最想说的

◀ 绿头鸭竟然可以睁一
只眼闭一只眼睡觉

非洲

南美洲

◀ 扁嘴天鹅长着
像大雁一样的嘴，
实在让人难以把它
们与天鹅画等号

可以半睡半醒的绿头鸭

在北美大陆，五大湖和密西西比河等这些淡水流域都是绿头鸭们自由自在生活的天堂。

绿头鸭具有明显的身体特征，很容易辨别。一般雄绿头鸭的头和颈呈绿色，并且带有金属光泽，尾部中央有四枚尾羽，向上卷曲如钩；雌绿头鸭背部为黑褐色并夹杂着浅棕红色的宽边，腹部是暖暖的棕红色，且散布着褐色斑点，尾羽不卷曲。所以，我们称呼它们是绿头鸭，更多是因为雄绿头鸭头和颈为绿色的缘故。

"这多少对雌绿头鸭有点不公平啊！"

绿头鸭的基本生活可以说是在水中完成的，不过它们却很少潜水，大概只喜欢漂浮荡漾的感觉。所以，它们总是像一艘艘停泊下来的船似的静"卧"在水中。

提到睡觉，我们有必要介绍一下绿头鸭的一项特异功能，那就是它们竟然可以睁一只眼闭一只眼睡觉！据科学家介绍，绿头鸭有这样的本领是因为它们的大脑可以部分保持睡眠、部分保持清醒。

"我不是一只鸡"——叫鸭

倘若叫鸭会说话，"我不是一只鸡"应该是它们最想说的。

叫鸭是南美洲的特产，因为声音粗哑而著名；不过，它们的外形也同样让人印象深刻。它们有鸡一样的尖喙，喙短而有钩，有着细长的双腿，看上去活脱脱是一只放大版的鸡。

不同于其他鸭类，叫鸭能上树，一般在树上栖息，还能长时间飞翔，可以在空中盘旋数个小时。作为特殊的一个种群，叫鸭不同于其他同类的地方还有很多。比如它们的羽毛覆盖全身，皮肤没有裸露的地方，这是大型鸟类才具有的特征；再如它们可以像水鸡那样在水上行走，具有涉禽的特点，等等。

所以，叫鸭应该为自己感到骄傲，虽然常常受到其他同类的"误解"，但这反而说明它们是世界上独一无二的物种。

"我们就是长得像鸡，爱咋咋地。"

素食主义者——雪雁

雪雁通体纯白，只有翅尖是黑色，嘴和腿是粉红色。这样飞行的时候，雪雁身上的多种彩色相映成趣，让它们看起来瑰丽多姿。不过雪雁的脖子要比大雁短得多，远远看去，与"曲项向天歌"的大白鹅倒是极为相似，因此人们又将雪雁称为雪鹅。

每年雪雁都会进行两次大迁徙。8月末，它们会从繁殖地加拿大、格陵兰岛的西北部以及阿拉斯加的北部等冻土苔原带飞到北美洲的亚热带和温带地区过冬，到了第二年5月下旬，它们又会飞回繁殖地。在迁徙途中，它们往往会在密西西比河附近停留休憩，为这条著名的河流带来不一样的风景。为了一睹雪雁成群迁徙的壮观景象，每年都会有很多游客早早来到密西西比河等候它们的到来。

在鸟类中，雪雁是典型的素食主义者，它们常用自身坚硬的喙啄食植物的根茎，并以此为主食。越冬的时候，它们还会偶尔偷吃些谷物和庄稼的嫩枝。

像天鹅又像大雁的扁嘴天鹅

和叫鸭一样，扁嘴天鹅也是南美洲的特产，它们主要在低海拔区域广泛存在，在一些沼泽或湖泊栖息，以水草、蚌类、鱼类为食。

大体上看，扁嘴天鹅和天鹅长得非常相似。扁嘴天鹅身长90—115厘米，通体羽毛为白色，第六根主羽末端为黑色。不过扁嘴天鹅又自成一派，因为它们个头较小，长着大雁一样的扁喙，并且没有天鹅那种黑色的脸颊，这常常引来人们对它们的质疑。

"这是天鹅吗？"

"不不，这是只大雁，你看它的嘴多么扁啊！"

不过，扁嘴天鹅们自己可不这么认为。

"我们觉得我们很美，有着圣洁的羽毛，有着红色的嘴唇和脚掌。"

08 鹰击长空

鹰是一种传奇动物，许多古老的民族都把它们视为自己民族的精神图腾，在美洲这片神奇的土地上也生活着许多种类的鹰，它们同样书写着自己的传奇。

北美洲

亚洲

▶ 白头海雕的视力是我们人类的 3 倍

▲ 康多兀鹫

◀ 哈佩雕强劲有力的爪子是很多动物的梦魇

非洲

南美洲

◀ 康多兀鹫总是骄傲地在高山上空盘旋，巡视着地面的一切

安第斯神鹰——康多兀鹫（wù jiù）

康多兀鹫是真正的百鸟之王，作为世界上体型最大的猛禽，它们以一种孤傲的王者气概君临安第斯山脉，长年在白雪皑皑的山脉中飞行着，仿佛唯有它们才是那片天空的主宰。

康多兀鹫拥有伟岸的身躯，一般体长约 1.3 米，体重在 11 千克左右，双翅展开宽度大约 3 米，飞行时在地面上会投射出一个巨大阴影，仿佛天神下凡般，故此被人们称为安第斯神鹰，意思指它们是令人难以置信的鸟。

康多兀鹫生得一副好容貌，它们除了颈部环绕一圈白色绒毛外，其余毛羽皆为黑色，仿佛穿着一身"西服"正装。

飞行时，康多兀鹫总是骄傲地在高山上空盘旋，巡视着地面的一切，因为目光敏锐，所以它们很容易发现地面上动物的死尸，那可是它们的最爱。一旦发现，它们就会立刻俯冲而下，饱餐一顿。

尽管康多兀鹫生于海拔数千米的高峰，但它们从不满足既有的飞行高度，总是不断地向上冲击，试图寻找蓝天的边际。康多兀鹫振翅飞翔一般可达到 5000—6000 米的高度，最高时能达 8500 米，非常接近世界最高峰珠穆朗玛峰的海拔，不得不令人惊叹。

"冲击蓝天是我们唯一的乐趣，我们喜欢睥睨天下的感觉。"

飞鹰之王——哈佩雕

在西方，哈佩是神话中拥有人身鹰爪杀人如麻的怪物。哈佩雕享有此名，源于它们狰狞彪悍的外形。在美洲热带丛林中，哈佩雕绝对"对得起"自己的称号，它们强劲有力的爪子是很多动物的梦魇，它们的每一次振翅俯冲都意味着又有一个生灵将成为它们的爪下"亡魂"。

"哈佩雕来了，大家快跑啊！"

作为南美洲安第斯山的一霸，在体型上，哈佩雕即使相比康多兀鹫也毫不逊色。它们的体长约为1米，两翼展开宽度可达2—2.5米，还有着比康多兀鹫锋利得多的鹰爪和让动物们胆战心惊的眼神。

"我看到哈佩雕心里就发怵，紧张得出汗。"这是发自树懒肺腑的声音。

除了树懒，南美洲热带丛林里的蛛猴、吼猴、食蚁兽、长吻浣熊、负鼠等等也都非常惧怕哈佩雕。

在觅食时，哈佩雕常常在空中保持滑行或静立在高高的树枝之上。一旦它们发现猎捕目标，就会以每小时80千米的速度疾速扑向猎物。

鉴于哈佩雕非凡的狩猎能力，很多人称它们为"飞鹰之王"。

北美洲"土著"——白头海雕

白头海雕是北美洲特有的一种大型猛禽。它们的身体颜色简洁，头、颈和尾部为白色，眼、嘴、脚为淡黄色，其余部位为暗褐色。在平时，白头海雕很注意自身的"保养打扮"，会时不时停下来整理一下自己的羽毛，很注意"个人形象"。不过，它们觅起食来可不讲究这些。

作为海雕的代表，白头海雕一般把家建在河流、海洋的沿岸，它们特别喜欢吃鳟鱼、海鸥、野鸭等大型鱼类和水鸟。不过，它们之所以能够成为这些动物的梦魇，最得益于它们那敏锐的视力和强壮而锐利的爪子。白头海雕的视力是我们人类的3倍，瞳孔非常大，视野也很开阔，一旦有猎物进入它们的视野范围，它们就能迅速而准确地锁定猎物的方位。

白头海雕的足爪和那些陆地上的鹰类不太一样，它们的足爪底部非常粗糙，并且锐利如刀，这样即使滑溜溜的鱼也常常难逃它们的"魔掌"。

白头海雕自恃是水面上空的主宰者，常常干些无耻的勾当。如看到捕鱼高手——鹗，捕鱼成功，它们就会迅速逼近鹗，抢占鹗的"劳动成果"。

不管怎样，外形俊朗、性情凶猛的白头海雕凭借自己的各项"实力"，霸占了北美洲近海和一些河流的"制空权"，久而久之当地人民也爱上了它们。

065

地位尊崇的国鸟

美洲是很多珍稀鸟类的故乡，许多国家都把那些与自己国家关系亲密、深受人民喜爱或与本国历史文化有关的鸟类选为自己的国鸟，为了纪念，为了保护，更为了那份感情。

康多兀鹫——智利国鸟

康多兀鹫

从"安第斯神鹰"的称号就可以知道南美人对康多兀鹫的尊崇和敬畏了，他们认为康多兀鹫如同天神下凡般的雄姿完全是出于神的眷顾。所以智利把它们选为国鸟。

哈佩雕——巴拿马国鸟

哈佩雕虽然生性凶残，如今却濒临灭亡。而且，在巴拿马人眼中，它们勇敢、坚毅，象征着进取向上，所以巴拿马将它们选为国鸟。

哈佩雕

白头海雕——美国国鸟

在北美洲土著文化中，白头海雕是一种神圣的鸟，它们被认为是神和人之间传递信息的使者。在美国独

白头海雕

立战争时,它们的形象就曾出现在义军队的旗帜上。1782年6月20日,美国国会通过决议,把白头海雕选定为美国的国鸟,并把它们作为国徽图案的主体部分。

棕灶鸟

棕灶鸟——阿根廷国鸟

棕灶鸟被称为"面包师",因为它们筑的巢独具特色,很像"面包烤炉"。阿根廷人对它们的建筑技艺很是推崇,所以就把它们选为国鸟。

凤尾绿咬鹃——危地马拉国鸟

凤尾绿咬鹃是自由的象征,任何方式的人工饲养都会导致它们的死亡,所以它们永远都在自由自在地飞翔,当然也就成为自由的象征,而且如今濒临灭绝。为了保护它们,危地马拉把它们选为国鸟。

凤尾绿咬鹃

09 "掌"下乾坤

在美国与墨西哥交界的索诺拉沙漠里，气候炎热，几乎常年"炎"阳高照，碧空如洗，不过，在这儿却生活着世界上最为高大的仙人掌群，和一些与它们相伴共生的啮齿类动物，如更格卢鼠、响尾蛇等。

北美洲

亚洲

▲ 巨柱仙人掌被称为英雄花的最主要原因是它们具有非凡的耐旱力和强大的储水本领

◀ 响尾蛇爬行时
尾部发出"哒哒"
的声音

非洲

南美洲

▶ 更格卢鼠一生
可以不喝一滴水

沙漠英雄花——巨柱仙人掌

巨柱仙人掌是索诺拉沙漠里仙人掌中的"佼佼者"。它们族群平均身高都有十几米，每柱重达五六吨。曾经有人试图搬运一株巨柱仙人掌，最后无奈将之拦腰截成两段，动用了两辆大卡车才成功。

"够高大吧，谁让我们是沙漠英雄花呢！"

巨柱仙人掌的确有自信的资本，不仅高大，在干旱的沙漠里还是有名的"爷爷级"长辈。对于巨柱仙人掌来说，75岁才是"成人礼"，这时它们才正式成为一株成熟的、独立的"仙人掌"，才可以不再一直向着顶端奋进而开始尝试着给自己长只"胳膊"、长条"腿"，拥抱属于自己的一片蓝天一缕风。那么巨柱仙人掌一般能活多久呢？答案是250多岁。

其实，巨柱仙人掌被称为英雄花的最主要原因是它们具有非凡的耐旱力和强大的储水本领。虽然沙漠里降水很少，但每次降雨时仙人掌都会喝个饱。它们会用发达的根系四处收集水分，然后将水存放在庞大的身躯里，通常它们的身躯内会维持一吨的储水量。

倘若你在索诺拉沙漠缺水了，就可以寻找巨柱仙人掌"帮忙"。对于沙漠里的各色生物而言，饱含生命汁液的巨柱仙人掌则是它们的"衣食父母"，为它们提供了栖息之所和食物之源。

"我们的邻居蓝花假紫荆夸我们是'沙漠给养罐'，嗯，我们很喜欢这个称号。"

袋鼠鼠——更格卢鼠

有着一身沙棕色皮毛的更格卢鼠可以说是美洲的"跳跃精灵"，它们娇小的身影常常穿梭于高大的巨柱仙人掌间。

"这哪里是美洲的动物，分明是来自大洋洲的袋鼠。"

有人说更格卢鼠像袋鼠，这是因为它们的尾巴太长了——大约是它们身体长度的 3 倍。

由于更格卢鼠后腿比前腿长很多，并且粗壮许多，所以它们十分善长跳跃，每秒钟能够跃出 5 米远。仔细考虑一下，身躯不足 10 厘米长，竟然能够跳跃如此之远，确实让人感到惊奇。有如此好的跳跃本领，更格卢鼠在逃避敌人的追击时，当然能够从容不迫了。

"我们可比袋鼠强多了，我们一生不喝水，袋鼠行吗？"

的确，在节约用水方面，更格卢鼠真正做到了"决绝"，它们一生可以不喝一滴水！

更格卢鼠是怎样做到这一点的呢？原来它们能从干燥的植物种子里汲取水分，并通过自己强大的新陈代谢功能将其完全吸收掉；另外它们几乎不小便，即使有需要，尿液也会被浓缩成稠泥状。为了保持洞穴内的潮湿度，更格卢鼠白天一般都待在自己的洞穴内，并且封住洞口以防止太阳照射，直到晚上它们才出去觅食。不得不说，小小的更格卢鼠简直是沙漠里的生命奇迹。

会敲战鼓的斗士——响尾蛇

响尾蛇之所以如此名震天下，除了它

们毒力惊人、攻击凶猛外，恐怕还在于它们擅长制造"声势"吧！因为它们那"哒哒"的声响可以说是巨柱仙人掌丛中很多动物的梦魇。

"响尾蛇为什么能发出'哒哒'的声音呢？"

原来，其他蛇类每次成长蜕皮后，蜕掉的皮会全部"扔掉"，响尾蛇则不同。它们每次蜕皮后，都会将尾端的皮仍然保留在尾巴上，形成一个角质轮，慢慢地就形成了若干个角质轮组成的中空的尾巴。由于每个角质轮间都有空隙，当响尾蛇剧烈摇动尾巴时，角质轮间会产生一股股气流，随着气流进出的振动，响尾蛇的尾部也就发出了"哒哒"的声响。

有了这种特殊的本领，响尾蛇在面对敌人时，总能先声夺人。因为它们的尾巴犹如战场上振奋人心的军鼓一样，能够让它们始终处于兴奋状态。

"我们的热眼也很厉害啊！"响尾蛇在眼睛和鼻孔之间叫颊窝的地方，长有能感知热量的热感受器——"热眼"。响尾蛇的"热眼"可以接收到田鼠、青蛙等动物身体所散发出的红外线，进而判断出它们的位置，将其捕获。

仙人掌的那些事

古老传说

叼着一条蛇的山鹰

在墨西哥长久以来流传着这样一个故事：一只巨大的山鹰叼着一条蛇，为寻找栖身之地四处飞翔。当它落到一丛开满黄花的仙人掌上后，再也不愿意离开。当时正在四处流浪的墨西哥人的祖先正好看到这个场景，于是认为这是神的启示，就此安顿下来，墨西哥城由此开始了它的历史。

荣耀榜

仙人掌（一）

墨西哥拥有全世界种类最多的仙人掌，因此墨西哥也被称为"仙人掌之国"。当地人将仙人掌称为"仙桃"，认为这是神赐予他们的礼物。他们认为仙人掌代表了一种精神：在干旱炎热的沙漠里，它们总是那么生机勃勃，傲然直上；它们全身带刺，任何人都不能欺辱它们。这份不屈、坚强、勇敢正是墨西哥人精神的象征。

纪录榜

在墨西哥沙漠中有一株仙人掌，它高 21 米，直径 30—60 厘米，重 10 吨左右，被称为"沙瓜洛仙人掌"，据说它是目前世界上最高的仙人掌。

令人惊叹的用途

说到仙人掌的用途，不要以为它们只能当盆景，它们可是出了名的"全才式人物"。

仙人掌可以食用，味道鲜美，可以生食、酿酒、做果干、做馅饼等等。在墨西哥，每年 9 月份都有专门的仙人掌节，节日间会有各种仙人掌食品供人食用。

仙人掌可以药用。清热解毒，散瘀消肿，健胃止痛，都是它们的拿手好戏。在民间经常可以看到，有人将捣碎的仙人掌敷在患处，用以治疗烫伤、肿痛等病症，具有显著的效果。

仙人掌还可以防电脑辐射，所以现在很多办公室工作人员都会放一盆仙人掌在自己的办公桌上，用以改善空气质量、防止电脑辐射。

仙人掌（二）

仙人掌的用途还有很多，这里就不一一列举了。

10 致命动物大集会

　　每块大陆上都生活着一些连我们人类都害怕的动物，它们以自己独有的方式在各自的"地盘"上繁衍不息。美洲大陆上也不例外，在广袤的南北美洲，生活着美洲豹、阿拉斯加棕熊、杀人蜂、食人鱼等令人望而生畏的动物。

美洲

▶ 美国短吻鳄在几秒钟内就可以将猎物"斩杀"

◀ 杀人蜂是人类聪明反被聪明误的产物

▶ 几乎所有动物都在美洲豹的攻击范围之内

亚洲

非洲

阿拉斯加棕熊是体型最大的一种熊

即使是一头成年活牛，食人鱼也能将它迅速疯狂地啃食得只剩下一堆白骨

南美洲

矛头蝮是南美洲咬伤人类次数最多的蛇类

行军蚁每天都在亚马孙雨林里行军

凶残的掠食者——美洲豹

在中南美洲茂密的热带雨林里，披着金黄色外衣的美洲豹正悠闲地踱来踱去。它们步履矫健却毫无声息。尽管有时它们只是单纯地散步，其他动物觉察后也会避得远远的，因为作为美洲大陆最大的猫科动物，没有谁敢与它们抗衡。

美洲豹拥有重达65—130千克的庞大身躯，肌肉发达，四肢粗短而有力，奔跑速度奇快。它们金黄色的"外衣"上布满了黑色圆环，显得彪悍异常。

或许，冷酷的外表下还有着一颗冷酷的心，美洲豹封闭意识很强烈，它们从不喜欢被打扰；它们常用自己的粪便留下印迹，或抓破树皮做个记号，划定自己的势力范围，告诫同类这是它们的地盘儿。

作为大自然"设计"的最凶残的掠食者之一，美洲豹处于整个食物链的最顶层，几乎所有动物都在它们的攻击范围之内。

"我们是最完美的猎食者，想吃掉谁就能吃掉谁！"

或许，正是这种刚猛无敌的霸气才使得美洲豹坐稳"美洲一哥"的交椅，而那些妄图反抗的家伙只能选择"臣服"。

大块头，大本事——阿拉斯加棕熊

阿拉斯加棕熊是体型最大的熊，它们主要活跃在美国阿拉斯加州。

阿拉斯加棕熊属于真正的大块头，一头成年公灰熊体重可达到半吨，它们四脚着地时肩高可达 1.5 米，直立起来则达 2 米左右，如此巨大，也难怪人们见了它们，心里没有不发怵的。

"我们力大无穷，我们威猛勇武，我们全身都是肌肉，我们是大块头……"

天生神力的阿拉斯加棕熊被公认为是棕熊中最激进、最粗暴的动物，它们甚至会从狼的口中夺取食物。阿拉斯加棕熊也绝对有这个资本。它们拥有 30 厘米宽的巨大脚掌和 10 厘米长的脚爪，很少有动物能够接下它们的致命一"掌"。通常，阿拉斯加棕熊会把这致命一击留给它们"钟爱"的麋鹿。

阿拉斯加棕熊虽身形庞大，却行动敏捷，奔跑起来，速度非常快，可以达到每小时 40 千米，经常进行短距离冲刺击杀，绵羊、北美野牛、驯鹿等常常在它们的追击中毙命。

"以后若近距离面对阿拉斯加棕熊，撒腿就跑可不是好办法，估计会被它们直接拿下。"

人见人怕的杀人蜂

杀人蜂又叫非洲蜜蜂，不过它们的领地主要在美洲。杀人蜂是人类聪明反被聪明误的产物。

1956年，巴西科学家为了提高本国的蜂蜜产量，用非洲野蜂与当地蜜蜂杂交产生了这种攻击性极强的食肉蜜蜂；几十年下来，超强的繁殖和适应能力使得它们迅速遍布整个美洲，成为人见人怕的"杀人蜂"。

不过，单个杀人蜂还对人类造不成太大危害，如果成千上万的杀人蜂同时出现，群起而攻，那就非常致命了。

"以多欺少怎么了，我们就爱这样。"

通常，一只杀人蜂的蜇针会释放出召集其他同类的荷尔蒙或者气息，之后不久，就会有至少半个蜂巢数量的杀人蜂飞来"助阵"。

水中狼族——食人鱼

食人鱼算是南美洲水域的"风云人物"，人类以它们为题材创作的影视作品就有很多部。从某种程度上讲，食人鱼可以说是亚马孙这块神秘土地上养育的奇特"代言人"。

食人鱼体长在15—25厘米之间，颈部短，颚骨坚硬，上下颚的咬合力惊人，嘴里那两排整齐而锋利的牙齿更是威力无比。

"我们可以轻易地咬穿牛皮、咬断鱼钩，这可不是谁都能做到的哦。"

凭着这份本事，食人鱼往往在黎明或黄昏时分集结成队出没在亚马孙河的河水中，一旦发现猎物，它们就群起而攻之。即使是一头成年活牛，食人鱼也能将它迅速疯狂地啃食得只剩下一堆白骨。

"真是残忍血腥啊！"

不过，上帝对谁都是公平的，食人鱼也有弱点，它们的攻击范围有限，一般只会对靠近自己25厘米左右的猎物进行攻击，并且它们的游动速度也较慢，这就给了被攻击对象一定的逃生机会。

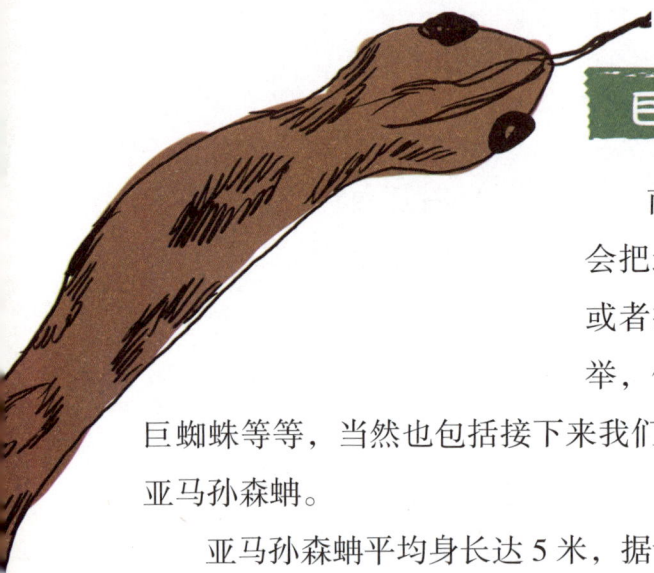

巨蛇亚马孙·森蚺（rán）

南美洲仿佛爱好夸张，因为它总会把地球上其他地方存在的生物微缩或者扩大，这方面的例子实在举不胜举，例如小身材的箭毒蛙、大个头的巨蜘蛛等等，当然也包括接下来我们要说的当今世界上最大的蛇——亚马孙森蚺。

亚马孙森蚺平均身长达 5 米，据说最长的亚马孙森蚺竟能有 10 米长。个体较长的亚马孙森蚺也是地球上最重的蛇，它们的重量可以达到 250 千克以上，平时我们能见到的蛇在它们面前实在是微不足道。

"没点资本怎么当老大呢！"

亚马孙森蚺的生存离不开水。因此委内瑞拉、巴西等国的沼泽、浅水、平静的河水，是亚马孙森蚺常常出没的地方。对它们而言，水越浑浊、水流越缓慢越适合隐身，越利于它们对猎物发动突然袭击。在捕食时，亚马孙森蚺会从水面探出头来，用自己分叉的舌头来感知猎物的气息，然后等待时机，发动攻击。水豚、巴西貘、龟和水鸟等都是它们常常捕捉的对象，即使鳄鱼它们有时也不放过。

然而，亚马孙森蚺真正令人畏惧的不是它们的四排利齿，而是它们直径可达 30 厘米的身体。凭借如此粗的身躯，亚马孙森蚺能够轻易缠住凯门鳄，让凯门鳄犹如被轧路机轧过一样。期间，凯门鳄每呼吸一次，亚马孙森蚺就会加一分力，直至凯门鳄窒息死亡。

恶名昭彰——矛头蝮（fù）

矛头蝮和响尾蛇一样同属蝮蛇，它们因为长着一个狭小的三角形脑袋而得名，但委内瑞拉、巴西、秘鲁等国的人们可不是因为它们有三角的脑袋而记住它们，而是因为它们"猖狂作案"的缘故。

矛头蝮是南美洲常见的蛇类，不过幸运的是，它们比较容易辨别。因为它们除了有三角形的脑袋，身上还长有许多倒 V 字形的斑纹，在眼睛和鼻孔之间也有一个明显的颊窝，那是它们的感热器官。

"虽然我们好认，你们最好还是防着我们点！"

矛头蝮是真正的"捕猎高手"。它们非常善于伪装，自身的斑纹能使它们与周围的环境完美地融为一体。同时眼睛和鼻孔间的感热器官又可使它们能轻易地感受到来自动物的红外线，因此它们很容易就可以在不被发觉的情况下向猎物发起攻击。

矛头蝮偏爱老鼠是出了名的，可以说老鼠走到哪儿它们就会跟到哪儿。但这对于人类而言可不是什么好事，因为老鼠总爱跟着人走。由于这个缘故，在美洲人居住的地方，常会有矛头蝮的踪影，矛头蝮伤人的事件也就会频繁发生了。

前进！前进！——行军蚁

行军蚁每天都在亚马孙雨林里行军，它们从未想过找个安定的家，永远都在流浪、流浪，然后在前进中发现食物，并将食物吃掉。

"前进！前进！前进！"

有人称行军蚁是亚马孙河流域破坏力最强的生物。因为虽然单个蚂蚁个头很小，攻击力有限，但它们从来都是以百万计的数量行军。在"前进"过程中，它们也从不贪图一时安逸，给自己搭建"行宫别馆"什么的，只设临时"宿营地"。到了晚上，为了安全，它们会互相抱在一起，组成巨大的"蚂蚁战团"，工蚁在外，兵蚁和幼虫在里面，极为精诚团结。

"胆敢犯我者，虽大必诛。"

行军蚁几乎无所惧怕，即使那些比它们大许多的蟋蟀、蚱蜢，一看到行军蚁，也会纷纷逃命。因为一旦侦察蚁发现它们，就会用腹部的腺体发出化学性信号，随后数以万计的行军蚁就会黑压压地列队而来，将其擒获。

在美洲热带雨林里，没有比行军蚁捕食更为壮观的景象了。第一波攻击时，行军蚁会纷纷举起它们的大螯刺向猎物，溶解对方的器官组织，使其丧失抵抗能力；第二波攻击时，每只行军蚁都用它们的大颚咬住猎物，撕扯猎物的身体，吃掉猎物或者带猎物返回营地，以喂食饥饿的小行军蚁们。

两栖猛兽——美国短吻鳄

在美国东南部的温带淡水沼泽和湿地里生活着一群大嘴利牙的怪兽，它们就是大名鼎鼎的美国短吻鳄。

美国短吻鳄是一种带有明显地域性的鳄鱼。体长在 1.8—3.7 米之间。它们宽阔的嘴部有着尖锐外露的牙齿，这为它们成为彪悍战士提供了可能。

作为两栖动物，美国短吻鳄水陆通吃。鱼类、水龟、小型哺乳动物和鸟类都是它们的佳肴。它们可以很长时间不进食，因此在"狩猎"时，它们极富耐心，可以追踪和观察猎物好几个小时。直到时机成熟才会对猎物发动快速攻击，一般在几秒钟内即可致猎物死亡。

美国短吻鳄身躯如此庞大，为什么能在几秒钟内就可以轻巧地捕获猎物呢？

原因在于：首先，美国短吻鳄游泳速度快，它们拥有一条强劲有力且很长的尾巴，尾巴在水中左右摇摆会使它们游泳变得极为轻松。其次，美国短吻鳄的伪装工作做得很好。捕食时它们会隐身水中，只露出头部顶端的眼睛，悄悄接近猎物，并选择在猎物没有发现之前发动猛烈袭击，因而在几秒钟内就可以将猎物"斩杀"了。

八 三位"老爷子",生活靠技术

　　在神秘而古老的美洲大陆上，生活着三位上了年纪的"老爷子"，它们分别是树懒、犰狳和食蚁兽。它们是那儿现存最为古老的哺乳动物，已经繁衍生息了几千万年。

北美洲

亚洲

▲ "简单的生活最美好"是食蚁兽的生存信条

◀ 树懒移动 2 千
米的距离，往往
需要耗时 1 个月

非洲

南美洲

▲ 犰狳是哺乳动物中最具备完
善的自然防御能力的动物之一

懒兽有懒招——树懒

树懒是世界上最懒的动物。它们行动非常缓慢，如果移动 2 千米的距离，足足需要耗时 1 个月。对它们而言，天底下最心烦的事莫过于运动，而最舒服的事则是整日整夜的挂在南美洲热带雨林的树枝上睡大觉。一只成年树懒一天要睡 18 个小时以上，绝对是名副其实的"瞌睡虫"。

也许很多人会担心树懒如此之懒如何填饱肚子，这点你大可不必为它们担心，因为树懒是食草性动物，仅靠树叶就可以生存下来，而南美洲热带雨林中最充足的就是充满水分的树叶了。

作为全球知名的懒惰动物，树懒在自身"懒"的特性上养成了独有的伪装欺骗术，当然这也需要别的动物来配合。由于它们行动实在太慢了，又不爱动弹，很多绿色藻类、昆虫等就把树懒浓密的毛发当做自己的家，并从中汲取营养，久而久之，它们就合伙给树懒涂上了一层绿色的保护色。

真可谓是懒兽有懒福，既能睡个好觉，又不用担心天敌来打扰。

"嘿嘿，我们最大的爱好就是睡觉，没有其他任何事情能够让我们打起精神来。"

披着铠甲的大"老鼠"——犰狳（qiú yú）

树懒有得天独厚的本事，犰狳也不示弱，它们可是拥有高超防御技术的"专家"。根据动物学家的研究，犰狳是哺乳动物中最具备完善的自然防御能力的动物之一。

显然，从它们怪异的名字——犰狳本身，我们就可以知道这家伙不走寻常路。有人说它们像猪，因为它们的蹄子长得像猪蹄，还有圆圆的隆起的肚子。还有人认为它们是放大版的老鼠，原因是它们的头部尖尖地向外突出，耳朵总是直直地竖立着，在觅食的时候，猥琐的样子跟夜晚出来搞破坏的老鼠一模一样。还有人说，它们应该类似于穿山甲，因为它们的全身披着结实的铠甲……

"我们不是老鼠，不是猪，也不是穿山甲，我们就是我们自己！"

不错，这就是犰狳，它们天生的怪模样恰恰造就了它们特殊的防御能力。犰狳的铠甲是它们进行防御的第一道防线。当有天敌接近时，它们会全身缩成一个球状，就像乌龟把自己缩进龟壳内一样，天敌面对这种情况，基本上只能流流口水，其他什么也做不了。

老鼠生来会打洞，用来形容犰狳也不过分，因为犰狳打洞的水平甚至高过老

鼠。可能刚刚你还在车上看到它们，转眼的工夫，它们就已不见踪迹，原来它们早利用自己坚硬的前爪挖出了一个深洞，然后蜷曲着身子躲进了里面，这不由得让我们想起了《封神榜》里的土行孙。

"嘿嘿，蚁族们，我来也。"——食蚁兽

食蚁兽虽然没有树懒那样懒，却也是个慢性子。食蚁兽的生活非常安逸，因为南美洲热带雨林里的蚂蚁和白蚁实在太多了，而食蚁兽就是以它们为食的。

"简单的生活最美好"是食蚁兽的生存信条，这就引来了美洲热带雨林中其他许多动物的羡慕和嫉妒，但食蚁兽可不管别人的眼光，自己先吃饱了再说。这不，远处那个浑身长毛，有着迷人的小眼睛，长着尖尖的嘴巴，左拱拱右闻闻的不正是食蚁兽吗？

食蚁兽善于捕捉蚁类，是因为它们有一只发达的鼻子，这也是它们安身立命的本钱。凭借这种优势，它们可以发现蚁群刻意隐藏的巢穴。因此，当你在美洲热带雨林中发现一只长毛怪慢吞吞向你走来时，千万不要害怕，它们不会对你感兴趣的，那是食蚁兽在寻找蚁穴。

一旦食蚁兽觅得猎物大本营，贪婪的它们就会用强有力的前肢和锋利的爪子给蚁穴开个"天窗"，可怜的白蚁们就不得不享受一下阳光

的温柔了。当然，食蚁兽那号称动物界最长的舌头也会来"凑热闹"，它们的舌头伸展开来可以长达 40 厘米。想象一下，若你拥有一条这样的舌头，估计人们会高喊"妖怪来了"并且立即把你捉起来。

　　"怎么样，相比树懒和犰狳，我们的这份本事也不赖吧！"

12　别让你的眼睛骗了你

在世界上的成千上万个物种当中，以伪装为手段进行捕食或自我保护的"大师"不计其数。在美洲丛林当中，就深藏着许多"伪装大师"，如玻璃蛙、透翅蝶、林鸱和木纹龟等。

北美洲

▲ 木纹龟的宣言："别拿我们不当伪装大师！"

亚洲

▼ 玻璃蛙很奇特，它们
的腹部是半透明的

非洲

南美洲

▲ 透翅蝶长着一对透明
的大翅膀，看上去像两
片大眼镜片

▲ 林鸱常常伪装成枯树
干的模样，等着昆虫飞
到嘴边

天生一身透明装——玻璃蛙

你千万不要误会，玻璃娃可不是用玻璃做成的青蛙，因为它们的身体是透明的，所以人们称它们为"玻璃蛙"。

玻璃蛙很奇特，它们的腹部是半透明的，通过这个半透明的"装置"，我们可以清晰地看到它们的内脏、消化道以及血管内流动的血液。

没有"秘密"的玻璃蛙拥有高超的伪装本领，它们中的绝大多数皮肤呈灰绿色，因为这种颜色可以让它们很好地与周围树叶的颜色融为一体，从而达到"隐身"的效果。

玻璃蛙在捕食的时候也常常利用它们的伪装术做掩护。它们把自己藏在一片树叶下面，趁猎物没有防备的时候突然发动袭击，随后就可以美美地饱餐一顿了。

"我们可不想让孩子有一丁点儿的危险。"

与其他的伪装高手不同，玻璃蛙之所以伪装更多是为了在产卵的时候使自己和孩子免受其他动物的攻击。产卵后，玻璃蛙会待在这些卵宝宝身旁保护它们免遭侵害。所以要是没有点隐身本领，玻璃蛙怎么能保护孩子呢？

透明的舞者——透翅蝶

在美洲有一种蝴蝶，它们的翅膀没有其他蝴蝶那种耀眼的色彩，而是呈现为半透明状，不过它们仍是美洲森林中的"舞蹈天使"，它们美丽的舞姿一点都不输于其他同类，这种外表奇异的蝴蝶叫做透翅蝶。

透翅蝶长着一对透明的大翅膀，看上去像两片大眼镜片。

那么它们的翅膀为什么会如此清澈透明呢？

原来，透翅蝶的翅膀薄膜上没有色彩和鳞片，所以就变成了与众不同的"玻璃"翅膀，这个特点也成就了透翅蝶的"隐身术"，借此它们可以很轻易地消失在森林里，因而一般不会被天敌和试图捕捉它们的人类发现。

此外，透翅蝶的翅膀还可以让透翅蝶搞搞"模仿秀"。因为透翅蝶与胡蜂的翅膀都有黄色或蓝色的条纹，所以它们飞在花丛中的时候看起来就像是一对"孪生兄弟"。透翅蝶仗着和胡蜂有几分相似，经常借助胡蜂的"威名"吓唬敌人。

"我们比胡蜂可漂亮多了，这点它们可是沾了我们的光啊！"

丛林中的演员——林鸱（chī）

　　如果你到亚马孙的原始森林去探险，突然发现身边的一截"枯树干"飞了起来，你一点也不要觉得大惊小怪，因为那根本不是什么枯树干，而是一只正在休息的林鸱因受惊吓而飞起。

　　林鸱生活在美洲的原始森林中，属于夜行鸟类。一般晚上出来活动，捕食一些小的飞行昆虫充饥。白天，林鸱半闭着眼睛在树枝上睡大觉。为了不被打扰，也为了自己的安全，它们会利用羽毛的花纹将自己伪装成"枯树干"。当遇到危险时，它们一般能依靠伪装顺利地避开。

　　"我们可是得过森林奥斯卡的影帝，演技自然没得说了！"

　　林鸱还常常通过这样的伪装来捕

猎食物。一般说来，林鸱很少飞过去直接捕猎，更不会去捕捉地上的动物，而是常常伪装成枯树干的模样，等着昆虫飞到嘴边。

别拿我们不当伪装大师——木纹龟

"别拿我们不当伪装大师！"

这是木纹龟在为自己鸣不平。您还别说，它们完全当得起伪装大师的名头，这是因为木纹龟背壳的颜色能很好地成为它们进行伪装的手段。与树木的木纹相比，虽然木纹龟背上的花斑纹看上去比较显眼，但是如果遇到与它们的背部颜色相近的树木的木纹，我们是绝对不容易将它们与树木的木纹分辨开来的。因为它们的背纹简直就跟树纹一模一样。

木纹龟的伪装生存法不仅用来自我保护，在产卵时，它们还用此保护自己的下一代。在每年的繁殖季节到来时，木纹龟都会找一个与它们身体颜色相近的地方，小心翼翼地把自己遮挡住，然后左看看右看看，确定平安无事之后才开始下蛋。产下蛋后，它们会用沙子把蛋埋上，只要没被天敌发现，过段时间之后，小木纹龟自己就会破壳而出了。

关于透翅蝶的传说

从前，在森林的深处，有一群美丽的蝴蝶，它们的身体是透明的，透明到能看见彼此的心，所以它们互相之间没有猜忌、没有怀疑，过着简单而快乐的生活。

有一天，从远方来了一个魔术师，他已经走了很长时间的路，身心疲惫。看到这些身体透明的蝴蝶，魔术师停了下来，走上去对蝴蝶们说，在他生活的城市，人们都心胸狭小，人与人之间没有真情可言，所以每一个人都活得很痛苦。

后来，魔术师离开了那里，临走之前，他留下了一瓶魔水。走之前还对蝴蝶们说，必要的时候，要把心也隐藏起来，这样你们才能免受伤害。

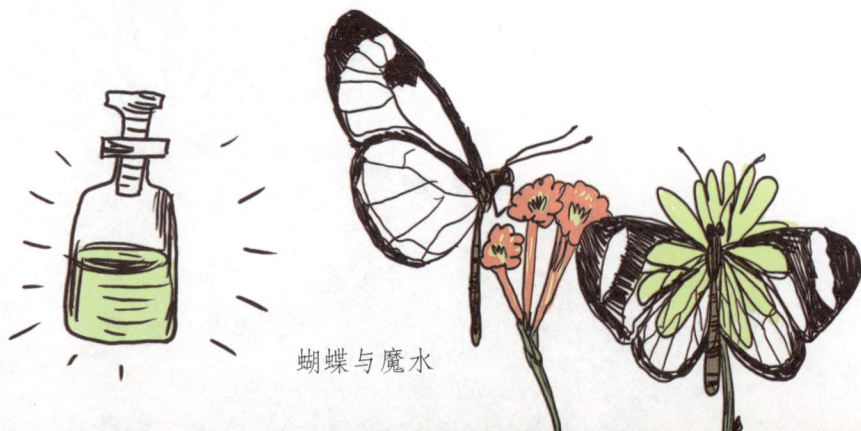

蝴蝶与魔水

很多年之后，魔术师故地重游。此时那里已经没有了透明的蝴蝶，空气里弥漫着城市中的铜臭。每一只蝴蝶都有了黑色的身体，保护着自己的同时也在伤害着别的蝴蝶。魔术师意识到自己之前犯了一个严重的错误。于是他拿出解药给蝴蝶，可是没有一只蝴蝶愿意去喝。

　　蝴蝶拥有一颗单纯的心的时代从此一去不复返了！

在花丛中
的蝴蝶

13 薄命堪忧

我们人类虽然是地球上最高等的生物，但却并不是地球唯一的主人，因此我们应该善待地球上的所有其他生灵，让自然界的色彩不会因为我们的无知而变得单调乏味！

北美洲

亚洲

▶ 美洲红鹮是中美洲最为著名的鸟，也是特立尼达和多巴哥的国鸟

▶ 大水獭因为长得可爱而十分惹人喜欢

美洲鹤都是天生的"舞蹈家"

非洲

南美洲

作为啄木鸟家族的一员，帝啄木鸟也一直没有辜负"森林医生"的好名声

世界上最红的鸟——美洲红鹮（huán）

世界上漂亮的鸟有很多，但是能靠一种颜色博得人们赞赏的，恐怕就只有美洲红鹮了。

美洲红鹮羽毛鲜红，看起来像刚从装满番茄酱的罐子里爬出来一样，所以当它们组成有序的方阵在天空中飞翔时，远远看去就好像是一条美丽的红丝带在空中翩翩起舞，场面相当美丽而壮观！

美洲红鹮不仅外表红艳，而且名声远扬，它们是中美洲最为著名的鸟，也是特立尼达和多巴哥的国鸟。我们从特立尼达和多巴哥的国徽上就可以找到它们。

"俗话说站得越高摔得越惨，自从我们出名以后就遭到了人类的无情捕杀；早知道是这个结果，我们宁可低调一辈子！"

如今，由于人类的捕杀和环境日趋恶劣，美洲红鹮的数量少得可怜，已经成为世界上最濒危的鸟类之一。

南美洲水中一霸——大水獭（tǎ）

南美洲，有一种水栖食肉类动物，它们虽然吃肉，但长着的却不是一副大多数食肉动物那样狰狞的嘴脸，相反还因为长得可爱而十分惹人喜欢，这种动物就是大水獭。

大水獭的游泳能力极强，凭借粗壮的四肢和发达的尾部肌肉，它们可以在水里上下翻转，来去自如。

"我们的潜水能力也是一流的。"

大水獭一次潜水可达到6—8分钟。

大水獭之所以能成为"潜水高手"，是因为它们的鼻孔和耳道口均生有小圆瓣，潜水时能关闭鼻孔和耳道孔，从而防止水的渗入。

此外大水獭还有一个响亮的名头——南美洲水中一霸。这是因为大水獭曾经广泛分布在亚马孙河和拉巴拉他河流域，无论从"身材"还是数量都可以称为一霸！

"好汉不提当年勇，我们曾经要风得风要雨得雨，可如今我们已经被可恶的人类捕杀得没有几只了！"

大水獭招来如此杀身之祸，全是因为它们身上的皮毛。大水獭的皮毛短而致密，富有光泽，耐水浸，易干燥，是一种名贵的皮草。

由于被大量捕杀，现在大水獭已经被列入世界濒危物种名单。

美洲仙女——美洲鹤

在美国和加拿大之间，每年都会有一种动物往返 4000 多千米进行繁殖。它们天生丽质，外表洁白如雪，有如天上下凡的仙女，它们就是美洲鹤。

美洲鹤与我们中国的丹顶鹤在外观上有些类似，都有着红色的顶、黑色的颈部和飞羽，唯一不同的地方是美洲鹤的喙是淡黄色的。

美洲鹤喜欢生活在湿地与草原地区，主要吃一些植物的茎块、种子、昆虫和小型哺乳动物等。

美洲鹤寻找另一半很有意思，看到自己喜欢的异性，它们会不停地鸣叫、鼓翼、点头和做出一些有趣的弹跳动作，似乎在跳一种优美的舞蹈。

"我们都是天生的舞蹈家。"

然而，这么优秀的"舞蹈家"，如今全世界的数量却已不足 2000 只。100 多年来，由于人类的狩猎、捡蛋等行为以及自然环境的日趋恶劣，美洲鹤也已濒临灭绝。

森林卫士——帝啄木鸟

啄木鸟一直都是森林的好医生、大自然的好卫士，帝啄木鸟作为啄木鸟家族的一员，也一直没有辜负"森林医生"的好名声。

帝啄木鸟的羽毛为黑色，翅膀和颈部有白色的斑点。雄鸟的头上顶着美丽的红色羽冠，它们的整个扮相简直像正在赶着参加宴会的贵宾。其实，论对森林做出的贡献，帝啄木鸟确实应该享受"贵宾级"的待遇，因为它们不分昼夜地为杜兰戈松、墨西哥白松、火炬松及孟特松等南美树木除虫防蛀，工作非常辛苦。

不幸的是，这么好的"医生"，如今也成为了濒临灭绝的物种。其中的原因有许多，一是它们的栖息地被破坏，环境遭到污染，二是当地的塔拉乌马拉人把帝啄木鸟当做救命的神药，常常大量捕杀它们。

"我们的灭绝会成为日后人类结局的翻版！"

14 "猫"出没，注意

猫科动物绝对可以算得上动物界的一霸，因为它们有着灵活的身手和让人畏惧的獠牙。当然美洲热带雨林同样也是猫科动物的天下。

▲ 短尾猫的尾巴短到可以忽略不计

北美洲

亚洲

◀ 美洲狮是美洲大
陆的王者

非洲

南美洲

▲ 细腰猫个个都是
捕猎高手

▲ 南美林猫是美洲
个头最小的猫科动物

美洲国王——美洲狮

美洲狮还有一个别名叫美洲金猫，它们是美洲大陆比较厉害的动物之一，也是地球上最大的猫亚科动物。它们的四肢和尾巴又粗又长，身体壮硕强健，能轻松横跨 14 米宽的山涧；爪子也十分锋利，因此攀岩、爬树和捕猎都是它们的拿手绝活。

美洲狮虽然被冠以"狮"的名头，但只有四个地方与狮子较像：一是耳朵背后有黑色斑；二是尾巴末端有一丛黑毛；三是幼仔身上有暗色的斑点；四是体色很相近。除此之外它们与狮子相比更多的是不同，比如它们体型比狮子小、四肢比狮子长、没有鬃毛、它们会爬树而狮子不会，等等。

"虽然我们有很多地方长得不像狮子，可是我们的勇猛丝毫不比狮子差哦！"

人类的朋友——短尾猫

尾巴对于猫来说是至关重要的器官，因为它可以帮助猫在运动时保持平衡。不过，在北美洲却生活着一种短尾巴猫，它们的尾巴短到可以忽略不计。也许你会问，这种猫走起"猫步"不会东倒西歪吗？

当然不会。

因为短尾猫四肢强健有力，跳跃能力惊人。别看它们尾巴短，平衡性却并没有因此而变差，林地、沙漠、沼泽等区域它们均能来去自如。

身手灵活的短尾猫是天生的游泳和爬树高手，它们经常越树跨河去追捕猎物。小动物们一旦被短尾猫盯上，那就凶多吉少了。还好短尾猫经常吃的是一些对人类有害的动物，像老鼠、草蛇等。

"我们是人类的好朋友，我们为人类除鼠害。"

南美洲热带雨林的"名模"——细腰猫

要说南美丛林里身材最好的猫，非细腰猫莫属。细腰猫身如其名，它们身材修长，不但有着四条纤细的美腿，还有令人嫉妒的腰身。

"在南美洲热带雨林，很少有动物像我们这样美丽。"

身为"名模"的细腰猫，主要分布在靠近水源的低地灌木丛带，偶尔也会出现在热带雨林里。

细腰猫的"工作"一般是去原野捕猎。它们可不是光说不练的"花瓶"，个个都是捕猎高手。凭借它们矫健的身姿、轻盈的身手，许多热带雨林中的小动物如鱼、小兔子等，纷纷成为它们口中的猎物。

神秘动物——南美林猫

南美林猫是美洲个头最小的猫科动物，它们虽然身材小巧，外表也不怎么光彩照人，但却很讨人喜欢。南美林猫身体大部分是红褐色的，还配有圆形的斑点和

虎纹，有的个体也会因为基因突变，全身呈黑色，看上去颇有神秘感。

　　南美林猫确实是一种神秘的动物，以前人类对它们知之甚少，因为它们的分布面积十分狭小，主要在安第斯山脉附近。由于那里气候环境十分恶劣，所以南美林猫的数量肯定不会太多，要想看到它们的确是一件很难的事情。今天，智利和阿根廷都已对南美林猫加以法律保护，但是随着森林砍伐范围的扩大，南美林猫的天然栖息地正在逐渐消失，它们的未来不容乐观。

　　"我们已经习惯了人类对我们的环境破坏，如果人类再毫无顾忌，我们真的要灭绝了！"

关于短尾猫的传说

在美洲印第安人的传说中，短尾猫经常与郊狼混在一起。它们分别代表着风和雾，这是印第安人所敬仰的两种自然元素。 在肖尼人的传说中，短尾猫身上的斑点是来自一只兔子的欺骗。故事是这样的：一只短尾猫把兔子困在了树上，但最后被兔子

的花言巧语说服，点燃火种，结果余烬烧到了它的毛皮，因而毛皮上产生了深褐色的斑点。在摩哈维族的传说中，短尾猫有超自然力量，这也让该族人对短尾猫顶礼膜拜。

　　而关于美国短尾猫的起源，还有一个传说。相传，有一个常年住在日本的美国女性，她特别喜欢猫，发现日本人人都养着一种猫，尾巴像兔子尾巴一样短，非常可爱。于是在第二次世界大战结束以后，她带了几只猫回国，这几只猫也就是今天所看到的美国短尾猫的"祖先"。

短尾猫与兔子

15 树有所用，树有所值

树木的用途非常广，人类的吃穿住行哪一样都离不开它们。面积广大的美洲是一片森林茂密的地方，现在就让我们看看那里有哪些树木吧！

北美洲

亚洲

▶ 巴西栗的果子非常好吃，营养价值也很高

◀ 龙舌兰的花不仅大，而且每次开花时花的数量众多，一次可以开数百朵

▶ 可可树："我们自古以来就是人类的最爱！"

◀ 没有古柯树叶
就没有可口可乐

非洲

南美洲

◀ 橡胶树是一种对
生活环境很挑剔的
树种

用"眼泪"造福人类的橡胶树

如果你看到一棵橡胶树上"泪痕点点",一定不要以为是谁欺负它了。那斑斑点点的"眼泪"其实是橡胶树产出的宝贝——橡胶。

橡胶树是巴西最重要的经济树种之一,也是一种对生活环境很挑剔的树种,只有适宜的生长环境,它们才能产出为人所用的好橡胶。因此橡胶树一般生长在静风和肥沃的土壤上,生活环境必须高温、高湿,适宜它们生存的年平均温度在 26—27℃左右。

"对于环境,我们必须挑剔,因为只有这样才能造福人类啊。"

的确如此,当今社会,橡胶在人类的日常生活中用途非常广泛,特别是医学领域、汽车领域更是离不开它们。

橡胶树的种子也有广泛用途,它们可以做油漆,也可以用来制作肥皂;橡胶树种子的果壳还可以制作优质纤维,等等。

用途广泛的糖枫

香山的枫叶远近闻名，每年到了秋高气爽的季节，全国各地的游客，都会云集香山，一睹那漫山遍野的"鲜红"。从观赏角度来讲，枫树确实非常漂亮。不过，它们可不只是用来供人们观赏的"花瓶"，枫树其实还有很大的实际用途，下面我们就来说说一种产自于美洲的枫树——糖枫。

要说糖枫最有用途的地方，还是它们所产的树汁。糖枫的树汁与其他树的树汁不一样，味道非常甜，可以制成枫糖和各种甜味剂，是我们生活中必不可少的调味品。不仅如此，枫树的树汁还可以制作药，我们喝的咳嗽糖浆很多就是用糖枫汁制作的。

"别只看我们的树汁啊，我们的身体也很有用啊！"

除了树汁的诸多用途，糖枫本身就是很好的木材，它们的木质纹理细密而光滑，人们喜欢用它们制造家具、乐器等。

全身是宝的巴西栗

巴西栗生长在南美洲，它们可以长到 30—40 米，树干直径可达 2 米，是亚马孙热带雨林中最大的树木之一。

"我们不仅长得高，果实也很美味哦！"

巴西栗的果子非常好吃，营养价值也很高。它们呈圆球形，颜色深棕，直径在 10—15 厘米之间，有着坚硬的木质壳。

令人称奇的是，巴西栗的每个果子里就包含有十几颗种子，约有 2 千克重。

由于巴西栗的种仁中含有大量的油和蛋白质成分，人们多把它们用于加工糖果等食品。

声名远播的龙舌兰

龙舌兰原产于墨西哥，属于大型草本植物，因其叶片坚挺，四季常青，因此是园林里的常用树种之一。

"当你在园林里游览时经常会看到我们的身影！"

龙舌兰的庞大身躯让你很容易就能看到它们。它们一般高达两米，在花丛中算是比较高调的"人物"。

"想看到我们开花不容易哦！"

龙舌兰一般十年或几十年才能开一次花，开花时花序可高达7—8米，是目前世界上最长的花序。

龙舌兰的花不仅大，而且每次开花时花的数量众多，一次可以开数百朵。但龙舌兰在开完花后植株会马上枯死，这让人不免有些遗憾。

巧克力的"妈妈"——可可树

　　我们平时爱吃的巧克力，它的制作原料来自一种叫可可树的植物。

　　可可树主要生长在美洲热带地区。每年到了可可树果实成熟后，当地人会把它们采摘下来，将其发酵、烘焙后制成可可粉和各种巧克力。据说早在哥伦布发现美洲大陆以前，南美洲的原住民，尤其是玛雅人和阿兹特克人就已经知道了可可树果实可可豆的用途。他们常用可可豆做饮料，还用它们交换自己所需的生活用品。

"我们自古以来就是人类的最爱！"

那么，古代美洲人是如何制作巧克力的呢？

他们一般将可可豆取出后放在阳光下进行发酵，当发酵得差不多了，然后对其进行干燥、除尘、烘焙等，之后，将其研磨成浆状。这样等到浆状的可可豆冷却以后，就变成人见人爱的巧克力了。

没有它们就没有可口可乐——古柯树

你知道生产可口可乐的主要原料是什么吗？相信生活在南美洲的人都知道，因为这种东西在南美洲到处都是，它们就是古柯树。

古柯树主要生长在南美洲的秘鲁、玻利维亚、巴西和哥伦比亚等国境内。它们的叶子是很有价值的宝贝，具有提神、镇痛的功效。每当我们喝完可口可乐之后都会兴奋不已，那正是因为古柯叶在起作用。

"没想到吧！"

除了用于制作可乐饮料，古柯树还有很多其他价值。它们的叶子可以入药，叶子里面的生物碱成分对治疗疼痛有很好的疗效。原产地居民经常用它们来治疗胃部不舒服、头痛或其他地方的疼痛。

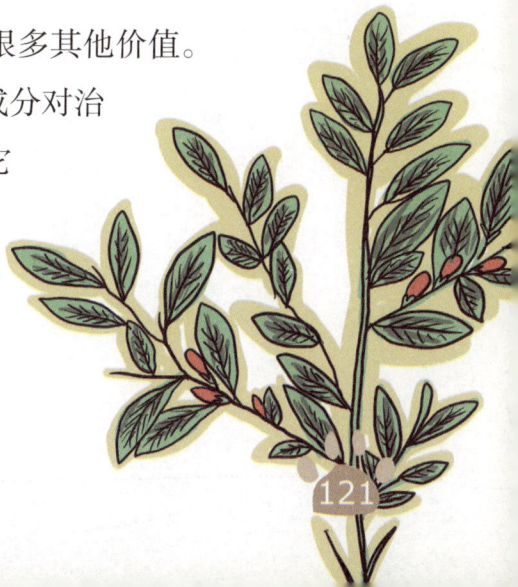

16 水中的温柔与凶险

郁郁葱葱的美洲热带雨林里，小动物们惬意地在河边饮水、嬉戏，一切看上去都是那么和谐、安宁。可是，你可知道，在这貌似平静的水面下却暗藏着重重杀机。

北美洲

亚洲

▶ 电鳗输出的电压一般在 300 伏左右，最高时可达 800 伏

▶ 五彩神仙鱼游动起来的样子也很高雅迷人

◀ 牙签鱼最恐怖之处在于它们的嗜血性

非洲

南美洲

◀ 四眼鱼看起来活像一个外星生物

会发电的鱼——电鳗

我们在卡通片里经常会看到这样一种会发电的鱼：它们长着长长的胡须，有着蛇形的身材，整天在水里穿梭，一旦有其他鱼对它们发动攻击，它们就会发射出很强的电流将敌人电晕或电死。不过现实生活中确实存在这种鱼类，它们就是生长在南美洲的电鳗。

电鳗不是真正的鳗类，它们和鲤鱼是近亲，不过电鳗可不像鲤鱼那样"懦弱"得任人宰割，在水中，它们是地地道道的"杀手"。

电鳗的"杀人"手段就是用电。电鳗的尾部长有一个发电装置，受脊神经的支配，能随时随地释放电流。电鳗释放出的电流强度很强，是淡水鱼中最强的，输出的电压一般在 300 伏左右，最高时可达 800 伏。

不过，幸好电鳗大多数时候并不会疯狂地释放 800 伏的高压电。

巴西吸血鬼——牙签鱼

亚马孙河除了有恐怖的食人鱼，还有另外一种令人闻风丧胆的鱼类——牙签鱼。牙签鱼有平滑的表皮层，鱼鳃有钩状刺，并且全身透明，很不容易被发现。

"作为杀手，我们就是这么神秘。"

牙签鱼的最恐怖之处在于它们非常嗜血。牙签鱼是一种寄生鱼类，一般依靠寄存在其他鱼类体内的方式生存。它们寻找寄主的方法简单而残酷。通过水流的味道它们就能判断出水流是否来自寄主鱼鳃。一旦确定，它们就会顺着水流游到寄主的鱼鳃中，接着用头部的倒向刺将自己固定在寄主的鱼鳃盖上，此后就靠吸食这条鱼的血液为生，也正因为此牙签鱼博得了"巴西吸血鬼"的恶名。

牙签鱼对人类的威胁也很大。如果你在亚马孙河里游泳牙签鱼就有可能被你的体液所吸引，通过尿道钻到你的身体里寄生起来，并以吸食你的血液为生。

"我们是杀人不眨眼的吸血鬼，见到我们要特别小心啊！"

水中小精灵——四眼鱼

讲完水中的那些个"残暴之徒"，下面我们再来说说亚马孙河中的温柔小精灵——四眼鱼。

四眼鱼顾名思义，就是长了四只眼睛。四眼鱼的四只眼睛高高地突出在头顶上，让四眼鱼看起来活像一个外星生物；而且每只眼睛的中部，都有一条黑色水平线把眼睛分成两个面积相等的部分，看来，四眼鱼应该叫做八眼鱼才是。

四眼鱼的四只眼睛不仅好看，而且可以分工协作。当四眼鱼停在水面时，它们上边的两只眼睛会像潜望镜一样露出水面，借此寻找猎物或防止水上天敌的袭击；下面的一对眼睛则处于水下，用来观察水下的猎物或防止其他鱼类的袭击。

"怎么样，我们有四只眼睛就是好吧！"

热带鱼之王——五彩神仙鱼

五彩神仙鱼的色彩耀眼多变，背鳍和臀鳍十分发达，呈现出神秘的蓝色、黑色条纹，在脊部边缘还有红色的条纹环绕。

五彩神仙鱼身长只有十几厘米，头小嘴尖，眼睛很大，且眼神"温柔明亮"，游动起来的样子也很高雅迷人，因此有"热带鱼之王"的美称。

五彩神仙鱼在"求爱"时，会主动去寻找心仪的对象，等到彼此看对眼了，才开始"柔情蜜意"的"恋爱生活"；并在过了一段时间觉得彼此合适后再"谈婚论嫁"。

五彩神仙鱼产卵后显得非常有趣。当小鱼从卵里钻出来后，它们会争先恐后地游到爸爸妈妈身边吮吸"乳汁"，生怕自己饿着肚子。这里小鱼们吮吸的"乳汁"是五彩神仙鱼身上分泌出来的特殊物质，而不是像奶牛、奶羊等奶子分泌的乳汁。

17 消失的记忆

地球上的每一天都有无数崭新的生命诞生，但同时也有无数的生命在不断消失。它们或个体，或族群，不管什么原因，如今已经从我们的视野中永远地消失了。

北美洲

亚洲

▲ 为梅氏马鹿的相貌锦上添花的是它们那一对高挑美丽的鹿角

▶ 南加利福尼亚猫狐长着一对大大的招风耳，将它们的身体衬托得非常可爱

◀ 1914 年，随着世界上最后一只旅鸽"玛莎"死去，人类再也看不到旅鸽了

◀ 纽芬兰白狼是令人生畏的巨狼

非洲

南美洲

曾经的鸟类迁徙大军成员——旅鸽

旅鸽，顾名思义，是一种喜欢旅行的鸽子。

既然喜欢旅行，旅鸽当然是每年鸟类迁徙大军的一员了。它们平常季节生活在北美洲的东北部，秋季则向美国佛罗里达、路易斯安那州和墨西哥的东南方向迁徙。

旅鸽每次迁徙都是一大群一大群的，因为它们喜欢家族式的群居生活，每个族群都由一对对旅鸽"夫妻"组成，整个旅鸽家族非常和谐。

不过，"家庭"的和谐没有给旅鸽家族带来好运，由于人类对它们进行肆意捕杀，1914 年，随着世界上最后一只旅鸽"玛莎"死去，人类再也看不到它们了。

"悲情的我们注定要走向灭绝，还请人类好自为之吧！"

梦幻之狼——纽芬兰白狼

狼是一种特立独行的动物，纽芬兰白狼更是其中的佼佼者。当你在人烟稀少的纽芬兰岛上徜徉，看到远处与天相接的山丘上，一团白色物体在缓缓蠕动，那你一定是遇到纽芬兰白狼了。

纽芬兰白狼除了头和脚是浅象牙色，全身其他部分都是白色。它们一般身长 2 米左右，体重可达 70 千克，是令人望而生畏的巨狼。人们常把纽芬兰白狼巨大而柔美的身段与它们白色的美丽皮毛加以诗意化的想象，称它们为"梦幻之狼"。

然而这"梦幻之狼"如今的确只能出现在人类的梦境里了。1880年以来，纽芬兰白狼的数量开始锐减，它们或被枪杀，或被投毒而死。而这一切只是因为人类看上了它们纯白色的毛皮。

1911 年，英国豪华游轮泰坦尼克号建成下水时，英国人在纽芬兰岛上枪杀了最后一匹纽芬兰白狼。从此，纽芬兰白狼就在地球上消失了。

头顶"皇冠"的梅氏马鹿

梅氏马鹿非常漂亮，它们全身暗红色，雄鹿的脖子上长着浓密的鬃毛，像非洲雄狮一样威严、帅气。而为它们的相貌锦上添花的是它们那一对高挑美丽的鹿角。梅氏马鹿雄鹿的鹿角有 6 个分叉，每个分叉都对称地朝着天空的方向排列，长度可达 1.8 米，远远望去它们就像戴着一顶"皇冠"，这点和其他种类的鹿完全一样。

梅氏马鹿的鹿角用途广泛，既可以做装饰品，又可以提炼成治病的良药。

"羡慕我们这天然的装饰物吧！"

人类垂涎于鹿角的经济价值，一直千方百计地捕猎它们。如今梅氏马鹿已经濒临灭绝，只在美国南部的国家森林公园里仅存在为数不多的几十头，而野生的梅氏马鹿已经全部灭绝。

可爱而聪明的南加利福尼亚猫狐

在北美洲西部的平原和荒漠中，曾经生活着一种非常可爱的狐狸——南加利福尼亚猫狐。

南加利福尼亚猫狐长得特别讨人喜欢，它们体长虽然只有50厘米左右，但长着一对大大的招风耳，将它们的身体衬托得非常突兀，使它们看起来有点像广播室里用的"大喇叭"。

南加利福尼亚猫狐不仅长得可爱，而且特别聪明。它们的智慧主要体现在跟天敌"斗智"上。

为了躲避狼和猛禽的袭击，它们一年平均要打60多个洞穴，它们打的洞穴有深有浅，有活路也有"死胡同"。有的时候，为了迷惑敌人，南加利福尼亚猫狐还会专门在通往死胡同的洞口撒尿，以此来让敌人上当。这样除了南加利福尼亚猫狐自己，谁进到了洞里都像进了迷宫一般，弄得晕头转向，甚至困死在里面。

虽然南加利福尼亚猫狐有效地躲避了鹰、狼，但是最终却无法逃脱人的毒手。随着南加利福尼亚猫狐皮在皮草市场的价格日益上涨，人们开始大量对它们进行捕杀，最终导致南加利福尼亚猫狐在1903年灭绝了。

那些已经逝去的"影像"

多索森林驯鹿

多索森林驯鹿生活在北美洲，它们体型小巧，行动灵活，属于"迷你"型的驯鹿。它们曾经是北美平原森林里的跳跃精灵，经常是几百只一群地在平原上飞奔跳跃。可是现在，我们连一只多索森林驯鹿都看不到了。因为当地政府为了商业利益，下令鼓励捕捉它们，把它们的皮毛剥下来出口赚钱，鹿肉则做成罐头，就这样，多索森林驯鹿的数量一天天减少，最终在 1908 年灭绝。

多索森林驯鹿

瓜达鲁贝美洲大鹰

瓜达鲁贝美洲大鹰

瓜达鲁贝美洲大鹰是一种极大的猛禽，它们巨大的身材在鹰类中是独一无二的。每当它们在天空中飞翔的时候，一对宽阔的翅膀仿佛要把天遮住。瓜达鲁贝美洲大鹰平时只吃一些鸟类和小动物，而无知的人类却把它们列入了侵食牲畜的恶禽名单当中，所以想尽一切办法来对付它们。最终，瓜达鲁贝美洲大鹰于1900年彻底消亡了。

卡罗拉依那鹦哥

卡罗拉依那鹦哥是生活在北美洲的唯一一种鹦哥，它们喜欢"玩耍"，并且很爱说话，只要是树林里有的声音，哪怕是人们不经意间在树林里的对话，它们都能模仿得惟妙惟肖。卡罗拉依那鹦哥喜欢吃水果和农作物，这一点让当地的农民们非常讨厌。于是，只要看到有鹦哥飞过农田或果园，人们就会撒网，或者枪杀它们。

1904年，最后一只野生的卡罗拉依那鹦哥也被人类射杀了，从此再也没有了它们的叫声。

卡罗拉依那鹦哥

18 来自丛林中的"活跃分子"

当你漫步在南美洲热带丛林，只要抬一抬头，看看那郁郁葱葱的繁茂树枝，你也许就会从中发现一些乐趣，让你换一种心情继续漫步在这原始丛林的优美风光中。

北美洲

亚洲

▲ 不但有美丽的外表，唐纳雀其实也很"内秀"

▲ 六七米的宽度蜘蛛猴也能一跃而过

非洲

▼ 麝雉身上的臭味帮
了它们大忙

南美洲

◀ 吼猴是南美洲热带
雨林中出了名的"男
高音"

最不消停的猴子——吼猴

吼猴是南美洲热带雨林中的"形象达人"。它们有着一身浓密的红褐色体毛，而且体毛还能随着阳光的强弱和照射角度不同而变幻出各种颜色，非常漂亮。

吼猴的外表非常帅气，但这远不能体现出它们在南美洲热带雨林中的独特个性。要说吼猴的最大特点，还是它们名字里那个"吼"字。

吼猴凭借着"吼"成了南美洲热带雨林中出了名的"男高音"。

吼猴之所以有如此宽广的音域，是因为它们的口腔中有一根巨大的舌骨，这根舌骨能够形成一种特殊的回音器效果，就像我们在听音乐会时那种环绕立体声。

有了这种天生的优势，吼猴就特别喜欢展示一下，它们把南美洲热带雨林当成了自己展示"歌喉"的舞台。每天太阳刚一露头，吼猴就会爬到树的顶端大声狂吼，好像在通知大家起床；如果发现了敌人，吼猴也会大吼一通，通知大家注意安全；如果发现了一棵新的果树，吼猴也不会自私地跑过去独自享用，而是用大吼的方式通知伙伴们赶快去美餐一顿。

"我们就是南美洲热带雨林里的通信兵，负责把雨林中的最新情况在第一时间告诉大家。"

骨瘦如柴的跳跃高手——蜘蛛猴

蜘蛛猴属于悬猴科，仅听这名字就觉得够悬的。它们的四肢修长，在树上活动时，远远望去就像一只张牙舞爪的大蜘蛛，它们也因此而得名。

蜘蛛猴头小尾长，平时靠着四肢和长尾巴在树枝上飘来荡去，看起来动作非常潇洒。

人们给蜘蛛猴的跳跃本领起了一个很"武侠"的名字——臂行法。它们经常从一棵树上跳到另一棵树上，跳跃宽度非常惊人，六七米的宽度它们也能一跃而过。

"嘿嘿，只是因为奥运会不让我们参赛，要不跳远这一项的冠军非我们莫属。"

别看蜘蛛猴平时从树上跳来跳去好像无所畏惧，可实际上它们是十足的胆小鬼。大部分时间蜘蛛猴都待在山林里，遇到天敌时会发出像狗吠一样的叫声，边叫边向天敌扔树枝或粪便，试图以这种恶心人的举动将天敌赶走。结果自然是可想而知的。

臭鸟——麝雉（shè zhì）

在人们一般的印象中，鸟类是美丽与自由的代名词，因此如果把鸟类和臭味结合起来，你一定会觉得实在太不和谐了。不过，世界上真有一种带着臭味的鸟，它们叫麝雉。

麝雉算是南美热带雨林中的一朵奇葩，它们有着带白斑的咖啡色羽毛，有着淡红褐色的羽冠，可谓"天生丽质"。它们名字的含义也像它们的外表一样美好，意思是"梳披肩发的雉"。不过，就是这样美丽的它们却散发出一种难闻的气味，以至于当地人只要一见到它们就会躲得远远的，并给它们起了一绰号叫"臭安娜"。

不过，麝雉身上的臭味却帮了它们大忙，因为不仅人厌恶它们身上的臭味，它们的天敌也厌恶，这样，它们很多时候就是因为有臭味而幸运地躲过了天敌的袭击。真可谓"祸兮福之所倚"了。

鸟家族的绝顶"美女"——唐纳雀

这个世界上有反面典型就会有正面模范，领教了麝雉的熏天臭气后，让我们再来欣赏一下鸟类家族中的绝顶"美女"唐纳雀吧。

唐纳雀可以说是鸟类的精灵，它们背部和翅膀是典雅高贵的黑色，腹部和喉部是充满神秘感的蓝色，身上像披着一件暗绿色围巾。看到唐纳雀优雅迷人的装扮，你一定会以为它们是穿着"晚礼服"的贵妇人呢。

"我们的相貌是不是很迷人呀！"

不但有美丽的外表，唐纳雀其实也很"内秀"。它们不仅会筑巢，而且还会不停地对自己的巢进行维护，用自己的嘴巴把"家"打理得漂漂亮亮。有时候，因为刮风下雨，"家"有了破损，唐纳雀就会用它们的"巧手"——喙，对自己的"家"进行修修补补，重新加以巩固和修饰。

"我们的'小嘴'搞起'装修'来也是蛮厉害的嘛！"

19 "闪电战"高手

有些动物，它们在捕食或与其他动物决斗时，常常利用"快"的优势占得先机，所以"快"在美洲凶险的"动物江湖"中称得上是一件很好的生存法宝。

北美洲

亚洲

▲ 大齿猛蚁能在 0.13 毫秒内张开嘴巴咬住猎物

◀ 在地球上只有猎豹跑得比叉角羚快

非洲

南美洲

◀ 荒漠鹿鼠不仅爬树快，钻洞也快

攻击速度最快的动物——大齿猛蚁

大齿猛蚁，从名字上来理解就是长着大牙的凶猛的蚂蚁，可是你知道吗？它们的"拿手武器"还不是像它们名字所描述的那样，而是另有内涵。

原来，大齿猛蚁的"杀招"是攻击速度极快。科学家研究表明，大齿猛蚁是世界上攻击速度最快的动物，它们能在 0.13 毫秒内张开嘴巴咬住猎物，这速度比人类眨眼的速度还要快上 2300 倍。

"瞧见我们动作有多快了吧！"

大齿猛蚁的快不仅体现在进攻上，更体现在防御上。大齿猛蚁遇到危险时，它们合嘴撞击地面后产生的力量能把自己反弹至 8 厘米的"高空"，并落在 40 厘米以外的地方。这相当于一个身高 1.67 米的人跳到 13 米高，然后在 40 米外落地。

世界上跑得第二快——叉角羚

叉角羚被称为西半球跑得最快的动物，那么你一定会问了："难道只有猎豹比它们跑得快了？"没错，叉角羚之所以只被称为"西半球最快"，就是因为在地球上还有猎豹跑得比它们快，而猎豹是生活在东半球的。

"能成为世界跑得第二快的动物我们已经很高兴了！"

叉角羚的最高速度可达每小时95千米，它们跑起来的速度和一辆飞驰的汽车差不多。刚出生4天的叉角羚就跑得比我们人快，这一点恐怕谁都想不到吧！

叉角羚不仅跑得快，而且耐力也很惊人，这一点是"短跑冠军"猎豹都比不了的。叉角羚能以72千米的时速奔跑11千米，远远超过现在任何生活在北美洲的食肉动物。

"我们之所以能跑得这么快，还得感谢我们的天敌。"

钻洞高手——荒漠鹿鼠

荒漠鹿鼠是个小胖子，它们有着毛茸茸、圆乎乎的身体，有着一对大耳朵和一双大眼睛，样子十分乖巧可爱。

别看荒漠鹿鼠长着一身肥肥的肉，它们行动起来却十分敏捷，尤其是爬树和钻洞。当荒漠鹿鼠遇到天敌追杀，它们会先莫名其妙地停下来，然后瞅准一棵树，天敌还没愣过神是怎么回事，它们"嗖"地一下已经爬到了树上。

荒漠鹿鼠不仅爬树快，钻洞也快。钻洞是荒漠鹿鼠的一项"特殊技能"，它们在自己的洞里凭借娴熟的钻洞技巧，左躲右藏，来无影去无踪，搞得入侵者常常是一头雾水，借此荒漠鹿鼠也躲过了不少杀身之祸。

蚂蚁与机器人

　　蚂蚁与机器人？这两个完全不搭界的东西能有什么联系？下面我来告诉你，现在美国的科学家正在利用大齿猛蚁某方面的特异功能研发机器人。

　　研发这种机器人有什么用呢？答案是——等到以后遇到大的灾难，比如地震时，把它们当做救援队员来使用。

　　也许你又会问了，一只蚂蚁的作用能有多大？可如果你看了下面的介绍，一定就不会这么说了。科学家们从南美洲的大齿猛蚁身上找到了研究机器人救援队员的灵感，因为这种蚂蚁号称具有世界上最快最锋利的牙齿，它们能在极短的时间内把食物咬成两半，这种咬合力相当惊人。

　　科学家们认为，据此可以研究出类似于大齿猛蚁牙齿的高速高强度刀片，把它们安装到机器人的身上，遭遇地震、海啸等灾难时，如果有人被埋在房屋地下，就可以派机器人带上它们去切割倒塌物。由于机器人身材小巧，这样做还不会造成倒塌物二次坍塌，从而能大大提高救援效率，进而挽救更多的生命。

　　怎么样，从小小的蚂蚁身上得到了如此重要的信息，看来未来的各国救援队，都要配备这种"蚂蚁救援队员"了。

蚂蚁

20 良禽择沙漠而栖

一提到沙漠，许多人首先想到的是干涸、炎热和死亡。不过，沙漠也并不全是一派死气沉沉的景象，因为在这片广阔的天地里，还生活着许多美丽的鸟儿。

北美洲

亚洲

▲ 白翅哀鸽会吞食一些砂粒帮助消化

▶ 黑腹翎鹑喜欢在某个地方一直生活下去

吉拉啄木鸟的坏脾气不只冲着外人，它们对自己的家人也是"火药味"十足

非洲

南美洲

棕曲嘴鹪鹩："我们就是传说中的鸟类中的战斗机！"

沙漠里的"劳动模范"——白翅哀鸽

白翅哀鸽是索诺拉沙漠里的"劳动模范",它们不仅兢兢业业地为巨柱仙人掌传授花粉,而且不辞辛苦地穿梭在酷热的沙漠中为自己的孩子寻找食物。

白翅哀鸽的辛劳不仅体现在工作上,从它们朴素的外表也能看出白翅哀鸽任劳任怨的性格品质。

白翅哀鸽没有靓丽的羽毛,它们身体是棕紫色,脖子两边有两处为灰黑色,只有腿上带着一点点的红,可以算是它们身上的唯一装饰。

同其他鸟类一样,白翅哀鸽喜欢吃植物的种子,偶尔也会吃点蜗牛昆虫,吃饱后还会吞食一些砂粒帮助消化。白翅哀鸽的助消化措施还有另一种方法,那就是飞行,每次吃饱喝足之后,它们都会不停地飞行,以帮助胃蠕动,达到消化食物的目的。

常言说:"飞得远,去的地方也就多。"白翅哀鸽强大的飞行能力让它们到过很多地方,也造就了它们很强的环境适应能力,城市社区、农田、牧场、草地、疏林地区,这些地方都留下了它们的身影。

捕食专家及飞行高手——棕曲嘴鹪鹩（jiāo liáo）

棕曲嘴鹪鹩又称仙人掌鹪鹩，一看这个别名就知道它们和仙人掌有着千丝万缕的联系。没错，棕曲嘴鹪鹩的家就安在带刺的仙人掌丛中。也许你会问，难道棕曲嘴鹪鹩不怕被仙人掌刺扎到吗？

原来，棕曲嘴鹪鹩身材娇小，羽毛却很坚硬，像披着一层盔甲似的，所以仙人掌那些刺对它们来说根本不起作用。棕曲嘴鹪鹩行动比较灵活，也能很容易地避开那些坚硬的刺，因而能在仙人掌丛中来去自如。

虽说棕曲嘴鹪鹩喜欢住在仙人掌堆里，但那里不是它们唯一的家。棕曲嘴鹪鹩在砂石坑、枯树以及垃圾堆等地都能建巢。

棕曲嘴鹪鹩自力更生的本事也很强，它们是捕食专家兼飞行高手，经常像突击队一样俯冲着捕食蚂蚁、蚂蚱、黄蜂等小昆虫。

"我们就是传说中的鸟类中的战斗机！"

151

一个地方生活一辈子的黑腹翎鹑（líng chún）

沙漠中的鸟类，有"劳动模范"也就会有懒家伙，黑腹翎鹑就是其中之一。说黑腹翎鹑懒不是因为它们不爱"干活"，而是它们不像其他鸟一样经常进行长距离的迁徙。只是喜欢在某个地方一直生活下去。

"我们只不过偏爱住在一个地方。"

也许是因为不需要长途迁徙的原因，黑腹翎鹑的翅膀因缺乏锻炼而变得很短，不过它们的脚却十分粗壮。

黑腹翎鹑最突出的特征是雄鸟的头顶上有翎羽装饰，看上去就像是国王头顶上的皇冠。

不过，看似"国王"的雄性黑腹翎鹑并没有三妻四妾，它们一生只"娶"一个妻子。雄性黑腹翎鹑与雌性黑腹翎鹑共同筑巢、育雏。每年春天，雌鸟会产下大约 12 个蛋，之后和雄鸟开始轮流孵化，等到小黑腹翎鹑们出生之后，它们也轮流喂养小黑腹翎鹑，共同等待小黑腹翎鹑们的长大。

脾气火爆的吉拉啄木鸟

在美洲，生活着一群坏脾气的啄木鸟——吉拉啄木鸟。

走进索诺拉沙漠，就会听到一种非常古怪的声音，它既不像是喜鹊在报喜，也不像是乌鸦在报丧，听起来让人心烦得要命。是谁这么讨厌？不用问，一定是吉拉啄木鸟。

说吉拉啄木鸟脾气坏一点都不为过，在人们的印象中，啄木鸟一直都是"森林卫士"、"森林医生"，它们善良、温顺，没有什么不好的地方。但作为啄木鸟家族成员之一的吉拉啄木鸟算是个特例，它们的脾气很坏，攻击性也很强。凡是看着不顺眼的东西，它们都会从天空中俯冲下来，用长嘴进行攻击。

"烦着呢，别惹我。"

吉拉啄木鸟的坏脾气不只冲着外人，它们对自己的家人也是"火药味"十足。

如果你看到树上有两只吉拉啄木鸟在撕咬，你可能会以为那是两只公鸟在为了"爱情"决斗。但是，你错了，那应该是一对啄木鸟"夫妻"在争抢食物。"夫妻俩"为了食物都能如此大动干戈，脾气够火暴的吧？

"夫妻"争吵还不算什么，还有更过分的，吉拉啄木鸟甚至会对自己的父母发动战争。小吉拉啄木鸟长大后，甚至会把老啄木鸟——自己的爸爸妈妈赶出家门。

美洲沙漠动物和植物的"远亲"

弓角羚羊

弓角羚羊生活在非洲北部，它们几乎一生都不用喝水，水分直接从它们吃的植物中获取；由于沙漠里植物匮乏，所以它们往往要走很远的路去寻找食物。

尽管生活比较辛苦，但弓角羚羊并没有因此而累垮。它们通常是群体行动，在觅食的路上可以互相照顾、互相帮助。

弓角羚羊

千年兰

千年兰属于兰花的一种，它们十分耐旱、生命力顽强，可以存活1000年以上，所以它们才被称为"千年兰"。在纳米布大沙漠中生长着一株千年兰之王，这株千年兰为雌性，有2米高，所覆盖的区域周

千年兰

长足足有 10 米。

响尾蛇

顾名思义，响尾蛇就是尾巴会响
的蛇！大家都知道，在沙漠里行走
异常艰难，但是对于响尾蛇来说却
是非常简单的。响尾蛇习惯用一种奇特的横向伸缩的方式在沙漠中
行走，这种方式可以帮助它"抓"住松软的沙土，从而加快行走的
速度。所以响尾蛇在沙漠中捕猎的时候，很少有小动物能逃脱它们
的"魔爪"。

响尾蛇

巨柱仙人掌是鸟儿的家

21 "马"牛羊,鸡犬彘(zhì)

几千年来，许多野生动物经过人类的驯养，渐渐变成家畜，失去了曾经的野性，过着"饭来张口"的生活，如马、牛、羊、鸡、狗、猪等。不过在美洲大陆，有6种动物从未被人类驯养过，因此我们只有在原野中才能看到它们。

北美洲

亚洲

▲ 大角羊的羊角是转了一圈后向外长的

▶ 马鹿的鹿角一般有6—8个分叉

◀ 郊狼一般夜
晚活动频繁

◀ 领西猯是猪，却
一点也不懒

非洲

◀ 火地岛秧鸡：
"我们会飞！"

南美洲

▶ 两只雄性美洲
野牛会为了争夺
配偶而大打出手

全身是宝的马鹿

马鹿又叫"赤鹿"，体大如马，是仅次于驼鹿的大型鹿类。

作为鹿界的"大帅哥"，马鹿除了有一身漂亮的皮毛，鹿角也相当吸引人的眼球。它们的鹿角一般有6—8个分叉，由头顶基部斜向上生长，这使得它们远远看去显得漂亮而霸气。

马鹿的鹿角不仅外形漂亮，而且具有药用价值。鹿茸中含有胶原蛋白等营养和药用成分，对治疗各种疾病尤其是关节炎有很好的作用。用鹿茸制成的鹿茸制剂对消除心肌疲劳、治疗冠心病也很有疗效。总之马鹿全身都是宝。

"我们马鹿虽然浑身是宝，可是也不该被肆意捕杀吧！"

正是因为马鹿浑身是宝，才给它们招来了杀身之祸。近年来人类大量捕杀马鹿，造成它们的数量一直在急剧减少。

生性爱斗的美洲野牛

美洲野牛是美洲大陆值得重视的家伙，那么美洲野牛是如何做到的呢？

美洲野牛是个大块头。它们身体粗壮，四肢发达，身长有 2—3 米，且皮糙肉厚，毛发浓密，远远看去就像会移动的鸡毛掸子。这副体格连凶猛的美洲豹、美洲狮都会畏惧它们三分。

此外，美洲野牛还有一个令人胆寒的地方——它们的角。美洲野牛的角尖而粗壮，当它们遇到袭击时，就会低下头来，将牛角对准敌人，然后利用自身强大的爆发力冲向敌人，将敌人刺死。

虽然牛角是美洲野牛对付敌人的好帮手，但大多时候它们是用来为"爱情"决斗的。在繁殖季节，两头雄性美洲野牛会为了争夺配偶而大打出手。它们先是大声地叫，之后在地上打滚，继而摆动头部拉开架势进行打斗，直到其中一头被另一头用牛角刺中并顶翻在地战斗才宣告结束。

有着漂亮羊角的大角羊

大角羊的学名叫盘羊，如果你去美国的黄石国家公园游玩，看到最多的就是大角羊了。

大角羊头上有两个大大的羊角，不过和美洲野牛不同的是，大角羊羊角的角尖是转了一个圈后向外长的。与其他有角的动物相比，虽然看上去漂亮了些，但攻击力和杀伤力却明显降低了很多。

"我们羊类本身就是一种温顺的动物，一般不主动攻击别人的。"

温顺的大角羊喜欢吃野葱和杂草，它们善于爬山，并且十分耐寒，因此也造就了它们有非常强的环境适应能力。一般的平原、山谷、高原、荒漠等地它们都能生存。

"看我们大角羊生命力多么顽强啊！"

大角羊不仅有顽强的生命力，还有着极强的警觉性。当它们成群结队地出去采食或饮水时，会有一只成年公羊站在山坡上观望，如果发现远方有危险的动物，它会立即向群体发出信号，告诉大家快走。

会游泳还会飞的鸡——火地岛秧鸡

鸡会游泳吗？你可能会坚定地回答："不会。"

那我告诉你，有种鸡是会游泳的，比如火地岛秧鸡。这种生活在南美洲的"野鸡"，它们身披着褐色的"斗篷"，头上顶着一个灰色的"皇冠"，嘴上还抹着鲜艳的"口红"，将自己打扮得非常时髦。

火地岛秧鸡喜欢生活在沼泽地，因为这里有它们的"最爱"——小鱼小虾等。火地岛秧鸡可是个好"猎手"，它们捕鱼的时候，先是若无其事地在水里静静地浮游，一旦发现猎物，立马就精神了，"嗖"地一下，一个猛子扎到水里，等到露出头时，它们嘴里已叼着一条正在奋力挣脱的小鱼了。

"我们会飞！"

的确，在水里是个快家伙的它们也能展翅高飞。火地岛秧鸡在天上飞行时头颈前伸，双腿下垂，一转眼的工夫就飞走了。不过，碍于翅膀的限制，它们不能飞很远的距离，因此就飞行来说顶多算是一个"冲刺型选手"。

和黄鼠狼臭味相投的郊狼

郊狼并非纯种的狼，它们只是狼的远方亲戚。郊狼的体型比狼要小得多，但是比狐狸大，和一般的中型狗差不多。

郊狼的尾巴特别长，有45—50厘米，像一条毛茸茸的"大围脖"。

总的来说，郊狼的体型中规中矩，没有狼的霸气，但是比狡猾的狐狸要英勇些。

外表中庸的郊狼在整个北美洲广泛分布。它们选择的居住环境有一个明显特点，那就是靠近人类。

郊狼一般夜晚活动频繁，偶尔会偷吃人类养的鸡、鸭等家禽，这一点倒和黄鼠狼相像，可谓臭味相投。

别看郊狼干些小偷小摸的事情，但它们主要还是靠自力更生活命，以腐肉、昆虫为食，有时还会到河边捉些鱼吃，如果饿极了连水果蔬菜也吃得下。

不是懒猪的领西猯（tuān）

说到领西猯，你可千万别认为它们是世界上的奇珍异兽，其实它们是野猪的一种，广泛分布在北美洲和中美洲，非常常见。

领西猯比一般的野猪小，脖子上有一道白环，后脚上只有 3 个脚趾。但它们的獠牙和其他野猪不同，一般野猪的獠牙向上长，它们的却是向下长着，这就大大加强了它们的攻击性。

别看领西猯的攻击性比较强，但它们一般不会和敌人单打独斗。领西猯属于群居性动物，通常是 6—12 头为一小群，50 头左右为一大群。一般选择在清晨和傍晚出来活动。

正因为如此，领西猯在午间酷热时候经常躺在树阴下休息，等到不怎么热了才起来吃一些植物，或者捕食一些小动物。

"我们虽然是猪，但是我们并不好吃懒做，我们的食物都是自己找来的，从来不靠人施舍。"

22 蚁族时刻

蚂蚁相对动物界一些庞然大物来说实在是太渺小了，因此人们常用"碾死一只蚂蚁"来形容事情的简单、容易。不过你要是在美洲生活时敢这么轻视蚂蚁，那你真的小瞧它们了。

北美洲

亚洲

▶ 阿根廷蚁的脾气比较暴躁

◀ 墨西哥蜜蚁在北美洲沙漠中已经辛勤地"工作"了 4500 万年了

非洲

南美洲

△ 切叶蚁据说是世界上最早懂得"种植"的生物

大家都知道，采蜜是蜜蜂的天职，可是你见过会采蜜的蚂蚁吗？墨西哥蜜蚁就是这样一种会采蜜的蚂蚁。

墨西哥蜜蚁已经辛勤地在北美洲沙漠中"工作"了4500万年，这种小小的蚂蚁凭借着集体的力量生存繁衍，如今已建成了一个鼎盛的"王国"。

这个"王国"的成员分为蚁后和工蚁，蚁后主要负责产卵，繁衍后代；工蚁则负责采蜜、酿蜜，并且兼职蚁后的"皇家卫队"。

每个工蚁的身体都可以作为一个食物储存器，它们把采来的花蜜储存在自己的身体里，回巢之后先把一部分花蜜敬献给蚁后，剩下的留给自己，等到饿了时，它们会像牛一样通过反刍重新获得营养。

当然，工蚁们不会把身体内的花蜜一天都吃完，剩下的一部分它们会放到通风的地方，风干成一块一块的，然后再背回到巢穴，放置在专门用来储藏"蜜干"的储藏室内，留着到缺粮的时候再分给大家吃。

"我们墨西哥蜜蚁可不是贪吃的自私鬼，如果你也喜欢蜂蜜，那就尽情的来我们这里吃吧！"

不要小瞧我们——阿根廷蚁

阿根廷蚁曾经就只有阿根廷有，而如今除了非洲之外，全世界到处都有它们的"身影"。

阿根廷蚁和它们的"哥们儿"食人蚁一样，脾气比较暴躁，属于进攻性极强的蚂蚁。如果其他蚂蚁种群惹怒了它们，它们会将其他蚂蚁的种群全部消灭掉。此外它们还会捕食昆虫和蚯蚓，甚至爬到树上攻击小鸟。

"我们要让那些小瞧我们的家伙尝尝厉害！"

阿根廷蚁的攻击性虽然强，但是单兵作战的能力却很差，所以它们的合作意识很强，不同蚁穴的蚂蚁往往会因为合作而聚在一起，从而形成一个个超级蚁穴。也许正是依靠这种彼此合作的精神，阿根廷蚁的"势力"如今已扩张到了世界上好几十个国家。

在澳大利亚墨尔本附近，当地政府就曾发出过阿根廷蚁入侵的警告。据说阿根廷蚁在当地建成了一个长度超过 100 千米的超级蚁穴。给当地的动物、植物甚至居民都造成了不良影响。

懂得"种植"的生物——切叶蚁

在亚马孙丛林生活着一种奇怪的蚂蚁，它们不以树叶为食物，而是将叶子切成一小片一小片地带回蚁巢发酵，然后吃上面长出来的蘑菇。这种蚂蚁叫做切叶蚁，又叫"蘑菇蚁"。

切叶蚁据说是世界上最早懂得"种植"的生物，比人类还要早。

那么切叶蚁是如何切割叶子的呢？

切叶蚁的切叶过程很有趣，它们会派体型最大的工蚁去搜寻鲜嫩的树叶。工蚁们搜寻到树叶后，会用刀子一样锋利的牙齿通过尾部的快速振动产生电锯般的切割功能，从而将叶子切成新月的形状，切好后再将碎叶搬运回巢。

"怎么样，我们够厉害吧！"

当切叶蚁将树叶搬回蚁巢后，较小的工蚁负责把树叶切成更小的块，然后将其磨成浆糊状，并在上面浇上粪便，然后让其自然发酵。这样，过一段时间，树叶上就长出蘑菇来了。

蚂蚁奇闻

掠夺奴隶的蚂蚁

有一种蚂蚁叫蓄奴蚁，它们专门通过掠夺其他种类蚂蚁来给自己当奴隶，让它们为自己找食物、给自己干活。这种蚂蚁十分猖狂，它们一般会强占别的蚂蚁巢穴，且将巢穴据为己有后，又让抓获的俘虏为自己卖命，它自己便悠闲地当起了"奴隶主"。

帮鸟"洗澡"的蚂蚁

有一种鸟，它们常常从天空中径直飞到地上一大群蚂蚁当中，然后展开翅膀，在地上不断地翻转着身体。这只鸟儿的举动是不是很奇怪？其实这是鸟儿在让地上的蚂蚁吃自己羽毛里的寄生虫，而鸟儿身体里的寄生虫正是蚂蚁的最爱。蚂蚁吃鸟儿羽毛上的寄生虫就相当于在给鸟儿"洗澡"、"搓背"。看来蚂蚁浴也是挺舒服的嘛！要不这种鸟儿经常让蚂蚁帮忙给自己洗澡呢？

蚂蚁

23 怪！怪！怪！

美洲大陆总有那么一些动物以怪异著称，或是它们的造型，或是它们的行为，总有一种能引发人们极大的兴趣。这些形形色色的动物们以它们怪异的本事演绎着自我的精彩。

北美洲

亚洲

▲ 走鹃走起路来非常着急的样子

◀ 喷血可以说是角蜥的看家本领

◀ 如果有谁不小心被墨西哥雕像木蝎蜇了一下就等于被宣判了死刑

非洲

南美洲

▶ 蛇怪蜥蜴确实是"轻功大师"

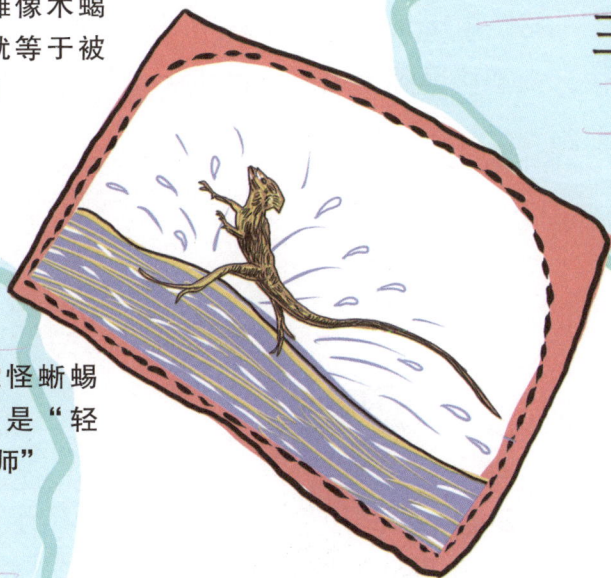

南美洲"怪侠"——蛇怪蜥蜴

武侠小说里经常会描述一种武术功夫——水上漂，说是人可以像蜻蜓点水一样在水面上行走。据一家电视台报道说，现实生活中，有人曾经尝试不借助外力在水上行走，不过最后以失败告终。说到底，"水上漂"这种武术功夫只是小说家们凭空想象出来的。

"人类不会，不代表我们也不会！"

发出如此豪言的是南美洲的"怪侠"——蛇怪蜥蜴。没错，它们确实是"轻功大师"。当蛇怪蜥蜴在河边遇到鸟类或其他天敌时，它们立刻会跳入水中，撇开两条后腿，两脚呈"外八字"在水面奔跑。

蛇怪蜥蜴是如何练就这一绝招的呢？原来，由于它们奔跑速度很快，爪子接触到水面时会产生大量气泡，这些气泡能推动它们不停向前跑。

"怎么样，我们算得上是武林中的高手吧！"

眼睛会喷血——角蜥

角蜥长相凶恶，总是一副别人欠它们钱似的表情，如果你因为这一个特点就认定它们是一种脾气暴躁的动物，那就大错特错了。

"面相凶恶，那只是长相如此。"

角蜥的脾气其实很温和，从不主动招惹"别人"。当受到天敌的威胁时，它们会先通过变换体色将自己隐藏起来。如果这一招不管用，它们就会使出自己的独门绝技——喷血！

喷血可以说是角蜥的看家本领，不过不到万不得已的时候，它们是不会使出这一招的。当角蜥受到其他动物的猛烈攻击时，它们开始大量吸入空气，使自己的身躯迅速膨胀，随着眼角边血管的破裂，它们眼睛里会喷出一股股殷红的鲜血，能喷到一两米远。就这样，当敌害被迎面喷来的鲜血吓得惊慌失措时，角蜥已经趁机逃之夭夭了。

虽说这一招数很厉害，不过对角蜥自身的伤害也很大。它容易使角蜥的脑部血管破裂，毫无疑问，这简直就是一种"自杀式"的攻击。

爱奔跑的鸟——走鹃

你听说过不喜欢飞的鸟吗？走鹃就是这种鸟。小朋友们可能经常从卡通片里看到走鹃的身影，它们长长的脖子，大大的尾巴，扁扁的嘴，头上有一根羽毛，走起路来非常着急的样子，好像上学就要迟到了。

走鹃不爱飞，只喜欢跑，而且跑得非常快，每分钟能跑500米。善跑不善飞也造就了走鹃有一双十分发达的腿，而且它们的翅膀也因此变得短小笨拙。

别看走鹃的翅膀小，但是很美观，它们的翅膀的羽毛是白色和褐色相间，再加上一双蓝色的腿，远远看去还蛮"帅气"的。

"我们急如疾风、快如闪电，而且跑起来还蛮有型呢！"

像蝎子一样有剧毒——墨西哥雕像木蝎

墨西哥雕像木蝎是一种体色浅棕、体长 7 厘米左右的蝎子。因为它们的外形很像经过精心雕刻的雕像，所以被称为雕像木蝎。

墨西哥雕像木蝎长得很怪异，它们的背部覆盖着半透明的甲壳，背部中央有一对黑色中眼，前端两侧各有三只侧眼。

"我们有这么多眼睛，四面八方的情况我们都能看得清。"

墨西哥雕像木蝎不仅能够"眼观六路"，而且还继承了蝎子的本性——剧毒。墨西哥雕像木蝎身上的毒刺所带的毒性被公认是致命的。如果有谁不小心被蜇了一下，那就等于被宣判了死刑。

墨西哥雕像木蝎因为喜欢潮湿温暖的地方，室内的水槽、浴缸、壁橱都有可能是它们的藏身之地，所以在有墨西哥雕像木蝎生活的地方，人们一般都会非常小心谨慎。

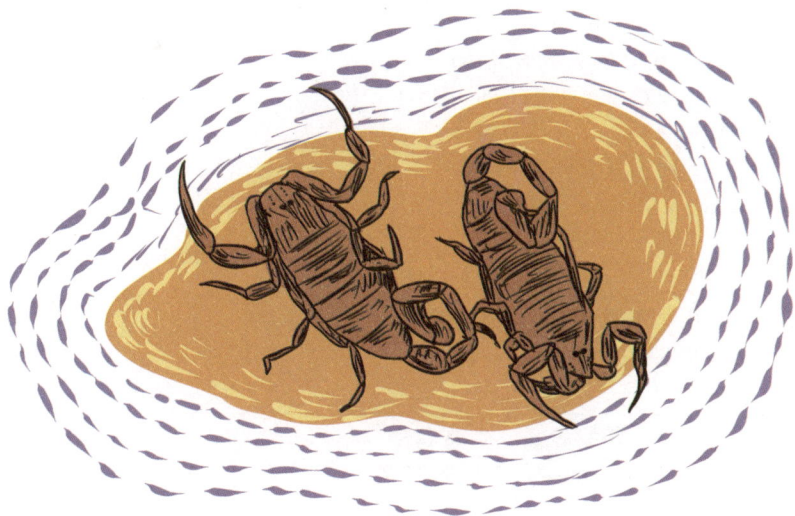

图书在版编目（CIP）数据

神秘古怪的美洲动物＋植物 / 张红乾编著. —杭
州：浙江工商大学出版社，2012.1
（我的第一套动植物趣味百科地图 / 曹德志主编）
ISBN 978-7-81140-341-1

Ⅰ．①神⋯　Ⅱ．①张⋯　Ⅲ．①动物 – 美洲 – 少儿读物
②植物 – 美洲 – 少儿读物　Ⅳ．① Q958.57-49 ② Q948.57-49

中国版本图书馆 CIP 数据核字（2011）第 144576 号

神秘古怪的美洲动物＋植物

张红乾　编著

责任编辑	郑　建
责任校对	周敏燕
责任印制	汪　俊
出版发行	浙江工商大学出版社
	（杭州市教工路 198 号　邮政编码 310012）
	（E-mail：zjgsupress@163.com）
	（网址：http://www.zjgsupress.com）
	电话：0571-88904980，88831806（传真）
排　　版	汇知图书
印　　刷	杭州杭新印务有限公司
开　　本	710mm×980mm　1/16
印　　张	11
字　　数	132 千
版 印 次	2012 年 1 月第 1 版　2012 年 1 月第 1 次印刷
书　　号	ISBN 978-7-81140-341-1
定　　价	25.00 元